听科学家讲我们身边的科技

漫话科技最前沿

江 洪 著

百万市民学科学——“江城科普读库”资助出版图书

科学出版社

北 京

内 容 简 介

科技创新推动着社会的进步，改变着人们的生活。对于多数人，它虽像高峰上的明珠一般璀璨而难以企及，但又切实地与每个人的日常生活、工作和学习息息相关。本书共八章，从科普的角度向社会公众介绍近年来世界范围内的科技热点及重大科技成果，并介绍部分改变我们生活的知名科学家。

本书面向社会大众，特别是非从事科研工作的人员和广大青少年读者。

图书在版编目（CIP）数据

漫话科技最前沿/江洪著. —北京：科学出版社，2017.8

（听科学家讲我们身边的科技）

ISBN 978-7-03-054067-6

Ⅰ.①漫… Ⅱ.①江… Ⅲ.①科学技术-普及读物 Ⅳ.①N49

中国版本图书馆CIP数据核字(2017)第183803号

责任编辑：张颖兵/责任校对：邵 娜

责任印制：彭 超/封面设计：苏 波

装帧设计：苏 波/形象设计：易盼盼

正文绘制：易盼盼/插图绘制：达美设计 伯 马

科学出版社 出版

北京东黄城根北街16号

邮政编码：100717

http://www.sciencep.com

武汉首壹印务有限公司印刷

科学出版社发行 各地新华书店经销

*

开本：B5(720×1000)

2017年8月第 一 版 印张：12 3/4

2018年5月第二次印刷 字数：150 000

定价：35.00元

（如有印装质量问题，我社负责调换）

前言

科学技术是什么？“科学技术是指人类及其社会为了在世界环境中适应、生存与发展，并与世界环境保持相联系与相互作用的过程；是人类认识世界和改造世界的工具和手段，同时也是人类认识世界和改造世界的成果和产物；是介于人类社会与世界环境之间的中介体系；是科学与技术的辩证统一体系。”

哇，上面这一段话是好专业的解读、好精准的说明，充满哲学意味，真是“不明觉厉”呀！可是作为一个普通人的你却满眼疑惑，好像还是不明白。你继续提问那么到底科学技术是什么呢？科技是不是只跟科学家有关？科技是不是存在于远离我们生活的象牙塔？

现在我们先换个角度来说说：当你在遇到自己不明白的事情的时候，是不是有一种想要去搞清楚的冲动？是的，这种冲动是与生俱来的。特别是在你小时候这种冲动更加强烈，你是不是常常问：天到底有多高，云为什么不会从天上掉下来，为什么地上的东西不能向云一样飘在天上；你是不是常常去观察蚂蚁，是不是喜欢把玩具拆开看看里面有什么；是不是满脑子都是问号被别人叫做"十万个为什么"。这些问号和了解真相的冲动就是我们的好奇心。好奇心总是驱使我们去探索许多未知的事情，想知道为什么会这样、为什么会那样。其实我们的探索经历跟科学家的工作十分相似。苹果落地引发牛顿的思考是什么呢？苹果是直线落下来的，而扔出去的石头却不是直线的，那么石头抛出去能抛多远呢？炮弹也是沿抛物线出去的，炮弹又能落在多远的地方呢？那么如果是火箭呢？但不管怎么样石头、炮弹都会落回地面上来，那么为什么月亮不落回地面呢？在一系列问题的驱使下，牛顿逐渐研究出了经典万有引力定律。可以说，人类的好奇心是科学技术的开始，然后就是人们满足好奇心而不断发现问题和解决问题的过程。在这过程中或多或少产生一些解决问题的办法，被用来解决人们生活中遇到的各种困惑和难题。这些不同的解决问题的办法就是简单意义上的科技，科技就这样跟我们的生活紧紧联系在一起。

人类的科技发明总是奇幻冒险之旅，那是一个从人类诞生就开始了的漫长的时间旅程。而现在当听到科技这个词的时候，我们所想到的已经是遨游太空的宇宙飞船、是深入海底的深海“蛟龙”、是我们天天使用的手机电脑、是我们餐桌上的绿色食品、是我们生病时去的医院吃的药、是方便我们出行的先进交通工具……。人类的科技在21世纪已经加速发展，集聚着人类巨大的智慧能量，加快了人类前进的脚步，改变我们的生活，改变我们的环境。

那么，聪明的你是不是想知道近五年，人类科技上都有什么样的重大的发现和重要突破呢？这里我向你介绍一下小武和博士韩爷爷。小武是一名优秀的中学生，跟你一样他对科技充满了好奇。这不，他来到了中国科学院，认识了在这里工作的学识渊博的博士韩爷爷，我们就来听听与充满好奇心的小武跟博士韩爷爷是怎么聊的吧。他们会带着你从七个方面了解五年来人类科技的新突破、新成果、新理论、新发现。这七个方面分别是高精尖的科研利器、人类起源、遨游太空、深海深空、微观粒子世界、人类思维和大脑以及健康医学。他们还会带你认识一些科学家。好了，请你做好准备，跟随小武和韩爷爷开启快乐的了解科技新发现之旅！

中国科学院武汉文献情报中心　江洪

2016年11月

目录

第一章 今日长缨在手　何时缚住苍龙

1 一百四十年来最热的一年

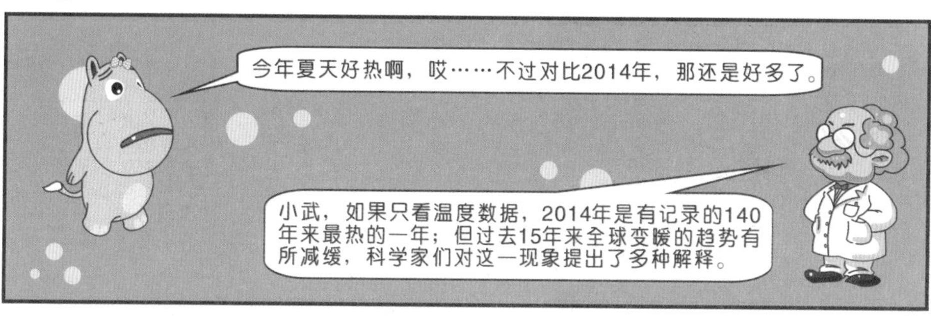
今年夏天好热啊，哎……不过对比2014年，那还是好多了。
小武，如果只看温度数据，2014年是有记录的140年来最热的一年；但过去15年来全球变暖的趋势有所减缓，科学家们对这一现象提出了多种解释。

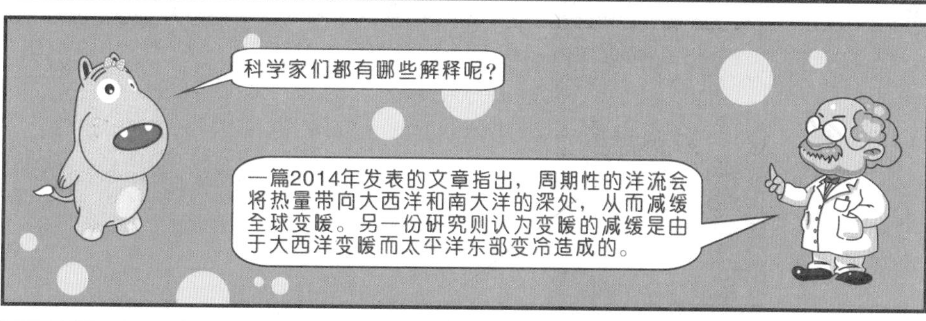
科学家们都有哪些解释呢？
一篇2014年发表的文章指出，周期性的洋流会将热量带向大西洋和南大洋的深处，从而减缓全球变暖。另一份研究则认为变暖的减缓是由于大西洋变暖而太平洋东部变冷造成的。

可是全球变暖还是很严重啊，您看这些公益海报里的情景，如果环境继续恶化，有一天这就变成现实，太可怕了！
全球气候变暖
green house effect
20XX
是的。政府间气候变化专门委员会在评估报告中警告：世界继续排放温室气体将会给人类和生态系统带来“严重、普遍、不可逆的影响”。
全球气候变暖
green house effect

电脑发热将不再是问题

烦死了！机身发热，电脑死机，只怕使用寿命会大打折扣，说不定硬件还会受损。
死机
小武，别烦！常态下芯片中的电子运动没有特定的轨道，它们相互碰撞而发生能量损耗，所以电脑会发热、速度变慢、死机等。

这个问题能解决吗？
量子霍尔效应可以对电子的运动制定一个规则，让它们在各自的跑道上“一往无前”。好比一辆高级跑车，常态下是在拥挤的农贸市场中前进，而在量子霍尔效应下相当于在高速公路上前进了。但量子霍尔效应的产生需要非常强的磁场，相当于外加10个计算机大的磁铁，体积庞大、价格昂贵，不适合个人电脑和便携式计算机。

啊？！那个人电脑和便携式计算机的发热问题就不能解决了吗？
当然不是。2013年，清华大学薛其坤院士领衔的实验团队，从实验上首次观测到量子反常霍尔效应，这被誉为“诺贝尔奖级”的科研成果。

薛其坤团队

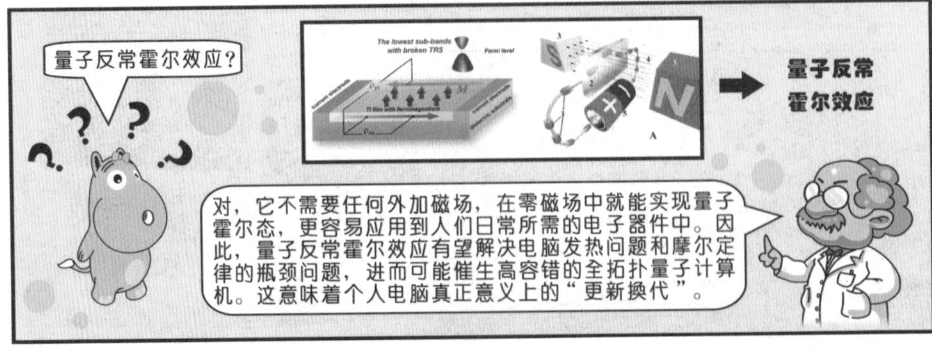

量子反常霍尔效应？
量子反常
霍尔效应
对，它不需要任何外加磁场，在零磁场中就能实现量子霍尔态，更容易应用到人们日常所需的电子器件中。因此，量子反常霍尔效应有望解决电脑发热问题和摩尔定律的瓶颈问题，进而可能催生高容错的全拓扑量子计算机。这意味着个人电脑真正意义上的“更新换代”。

3 存储速度高出现有硬盘数百倍的存储器

硬盘的传输速率又提升了啊，好快呢！
传输速度快
小武，英国约克大学等机构的研究人员在《自然·通信》杂志上报告说，他们发现一种可用于开发高速磁存储设备的原理，其存储速度可高出现有硬盘数百倍。

哇——那真是快如闪电啊！
是啊，据介绍，现在的硬盘等存储器多使用磁性物质，如果要记录信息，就需要把磁性物质的磁极颠倒。这个过程中常用的方式是使用外加磁场。
高速磁存储设备的原理
那这项研究中采用的不是这种方式吧？
对。研究人员发现，不使用外加磁场，单纯使用热量也能起到同样的效果，他们向磁性物质发射含有热量的激光脉冲，它在吸收热量后磁极也会颠倒。

这可真是个伟大的发现！
是啊，参与研究的托马斯·奥斯特勒说，在此项革命性发现的基础上，可开发出存储速度高出现有硬盘数百倍的存储器，每秒钟存储的信息可以高达上万亿字节。

4 世界首个存储单光子量子存储器在中国诞生

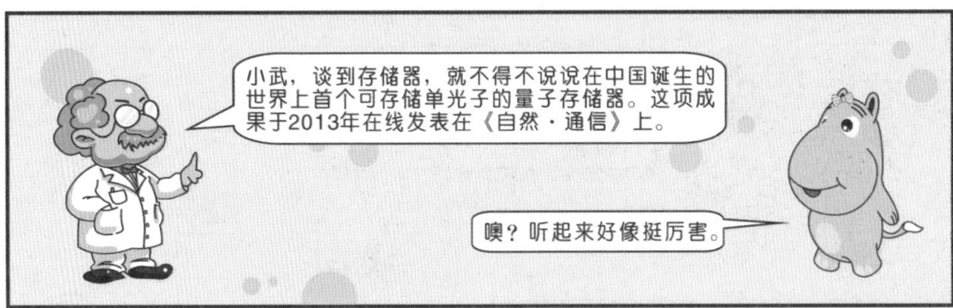
小武，谈到存储器，就不得不说说在中国诞生的世界上首个可存储单光子的量子存储器。这项成果于2013年在线发表在《自然·通信》上。
噢？听起来好像挺厉害。

那当然了，能否实现编码于高维空间光子的量子存储是提高量子通信效率、构建基于高维中继器的远距离量子通信系统和量子网络的关键。
为什么呢？

量子通信系统中作为载体的单光子所携带的信息量的大小与所处编码的空间维数有关。目前光子主要编码在一个二维空间，如果能将光子编码在一个高维空间，则单个光子所能携带的信息量将大幅度增加，极大地提高量子通信的效率和量子密钥传输的安全性。下图是中国用于量子研究的相关设备。

这项成果就是解决了这一问题对吗？

对，该成果首次成功地实现了携带轨道角动量、具有空间结构的单光子脉冲的存储与释放，证明了高维量子态的存储完全可行，迈出了基于高维量子中继器实现远距离大信息量量子信息传输的关键一步。研究人员通过实验证明单光子携带的轨道角动量可以高保真地被存储，在国际上首次实现了光子轨道角动量的量子存储。这将在量子信息和量子原子光学领域产生重大影响。

5 “超快、超大、超远”的网络传输

在互联网时代，快速、高效、全覆盖的网络环境是每个人都梦寐以求的，科学家们用自己辛勤工作得到的成果，编织着一幅“超快、超大、超远”的网络发展蓝图。

现在互联网确实好方便啊。韩爷爷，科学家们是怎么发明创造的呢？

由武汉邮电科学研究院牵头，华中科技大学、复旦大学、北京邮电大学、西安电子科技大学等单位参与的“超高速超大容量超长距离光传输基础研究”国家973项目在武汉通过验收，在国内首次实现一根头发丝般粗细的普通单模光纤中以超大容量超密集波分复用传输80千米，传输总容量达到100.23Tb/s，相当于12.01亿对人在一根光纤上同时通话。

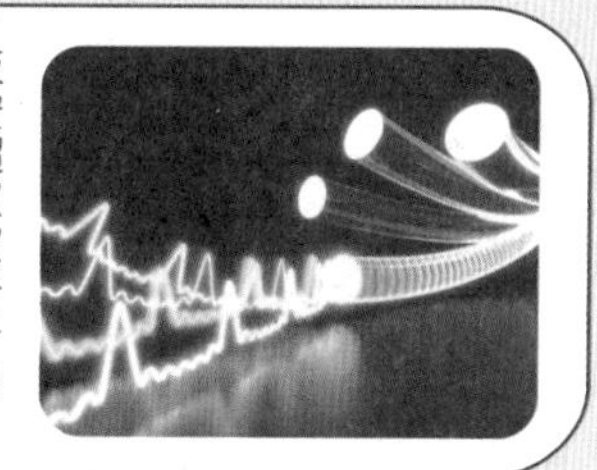

哇，那可真厉害啊！

你知道吗，网络传输容量是衡量国家网络承载能力和水平的关键性指标。这一项目致力于打造超高速度超大容量超长距离传输网络，为下一代光传输网络进行技术储备，推动我国在光通信领域保持国际领先地位。

光传输　　光纤传输

原来是这样啊。这么多科学家辛勤付出，相信在未来，我们国家在这方面的技术水平会不断提高。

6 可扩展量子信息处理获重大突破

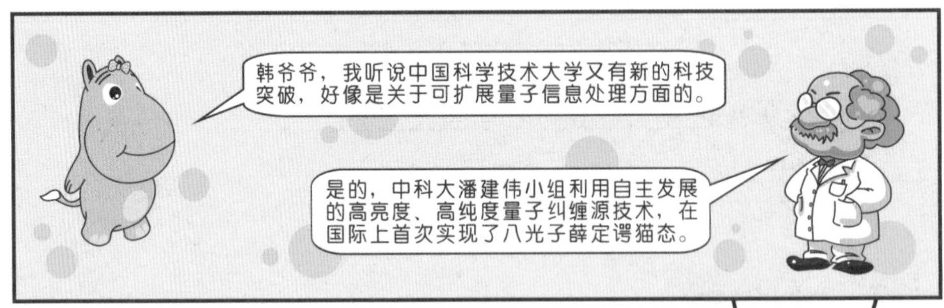
韩爷爷，我听说中国科学技术大学又有新的科技突破，好像是关于可扩展量子信息处理方面的。
是的，中科大潘建伟小组利用自主发展的高亮度、高纯度量子纠缠源技术，在国际上首次实现了八光子薛定谔猫态。

随后，他们利用八光子纠缠，在国际上首次实现了拓扑量子纠错，取得了可扩展容错性量子计算的重大突破，成果以长文形式发表在《自然》杂志上。

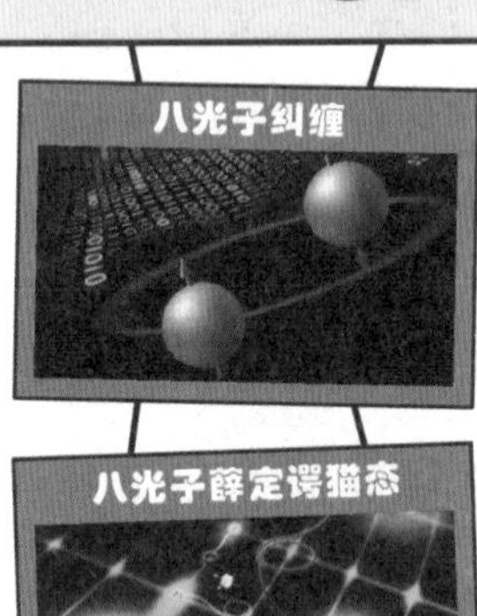
八光子纠缠
八光子薛定谔猫态

该小组还与中科院上海技物所、光电技术所等单位合作，在国际上首次实现了百千米量级的自由空间量子隐形传态和双向纠缠分发，成果以封面标题的形式发表在《自然》杂志上。

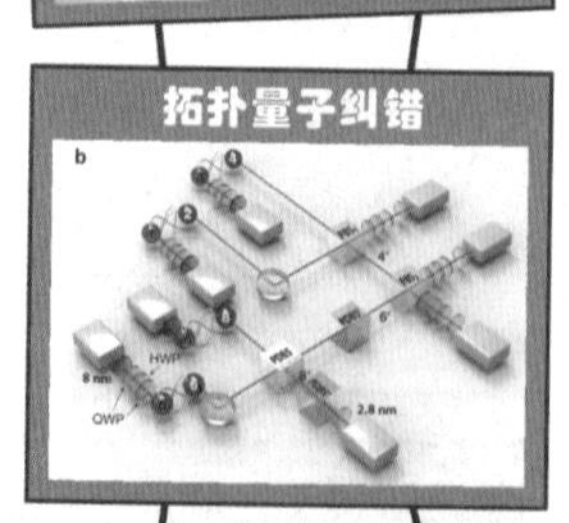
拓扑量子纠错

中国的科研创新真厉害，好期待科学家们能在这方面取得更大的突破，为人类发展做出更大贡献。

薛定谔猫态

量子通信安全传输创世界纪录

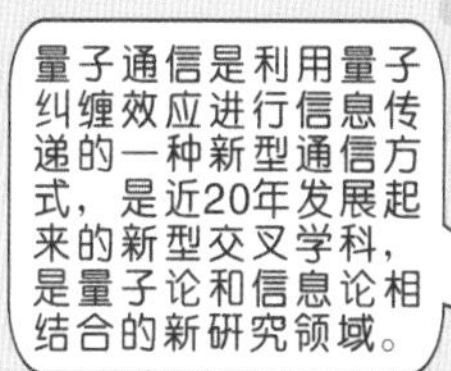

量子通信是利用量子纠缠效应进行信息传递的一种新型通信方式，是近20年发展起来的新型交叉学科，是量子论和信息论相结合的新研究领域。

小武，让我给你讲讲吧。光量子通信主要基于量子纠缠态的理论，使用量子隐形传态（传输）方式实现信息传递。

简单来说，就是具有纠缠态的两个粒子无论相距多远，只要一个发生变化，另外一个也会瞬间发生变化，因此可以事先构建一对具有纠缠态的粒子，分别放于通信双方，改变其中一个粒子从而使与其对应的粒子发生变化，进而实现信息的传输。你看图片。

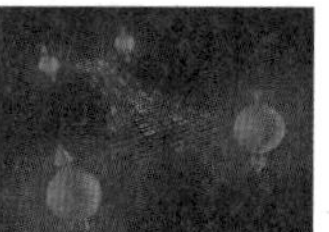

量子传输

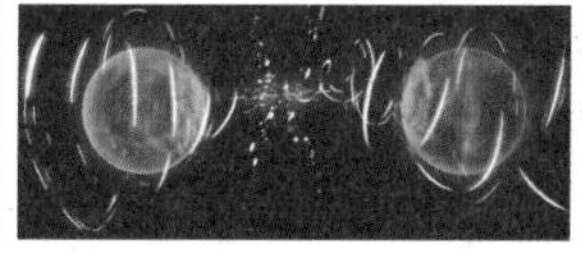

量子纠缠态

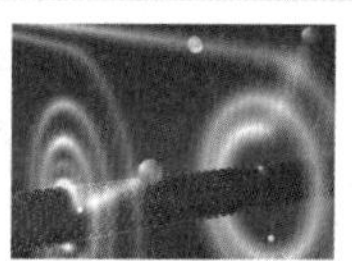

量子通信

中国科学技术大学潘建伟院士及其团队与中科院上海微系统所和清华大学合作，通过发展高速独立激光干涉技术，结合高效率、低噪声超导纳米线单光子探测器，将可以抵御黑客攻击的远程量子密钥分发系统的安全距离扩展至200千米，并将成码率提高了3个数量级，创下新的世界纪录。

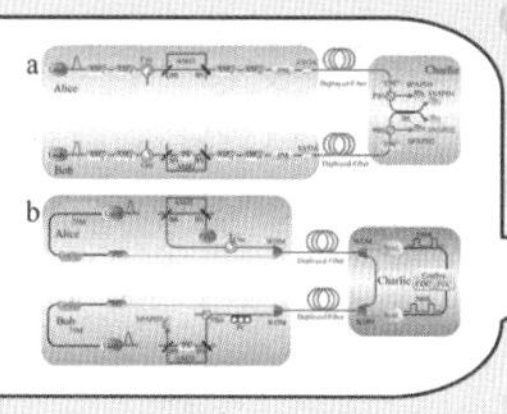

量子通信相当安全啊！

量子通信具有传统通信方式所不具备的绝对安全特性，在国家安全、金融等信息安全领域有着重大的应用价值和前景，且正在逐渐走进人们的日常生活。相信随着科学家研究的不断深入，我们将会迎来一场新的通信革命！

8 首个天地一体量子保密通信体系

韩爷爷，好多人都在讨论墨子号和京沪量子通信干线，为何大家如此关注？
2016年8月16日，世界首颗量子科学实验卫星“墨子号”发射升空，下图是发射时的照片。这使我国在世界上首次实现卫星和地面之间的量子通信，构建了天地一体化的量子保密通信与科学实验体系。

量子卫星首席科学家潘建伟院士介绍，量子通信的安全性基于量子物理基本原理，单光子的不可分割性和量子态的不可复制性保证了信息的不可窃听和不可破解，从原理上确保身份认证、传输加密以及数字签名等的无条件安全，可从根本上、永久性解决信息安全问题。所以，墨子号的主要应用目标是通过卫星和地面站之间的量子密钥分发，实现星地量子保密通信，并通过卫星中转实现可覆盖全球的量子保密通信。

看来量子保密通信非常具有应用价值啊！
当然了，量子保密通信“京沪干线”项目于2013年经国家发改委正式批复立项，项目全长两千多千米，连接北京、济南、合肥、上海等地的城域量子通信网。

很多行业都需要用上这条通信干线吧？
这条高安全、可扩展、军民融合的光纤量子保密通信骨干网络，将提供金融、政务等行业的高安全通信服务，并在北京节点与墨子号相连接，构建起全球首个天地一体化的实用性广域量子通信网络。

9 大脑/机器界面

小武，你说瘫痪的病人是怎么生活的呢？
瘫痪的病人啊，那需要别人来照顾其衣食起居呢！

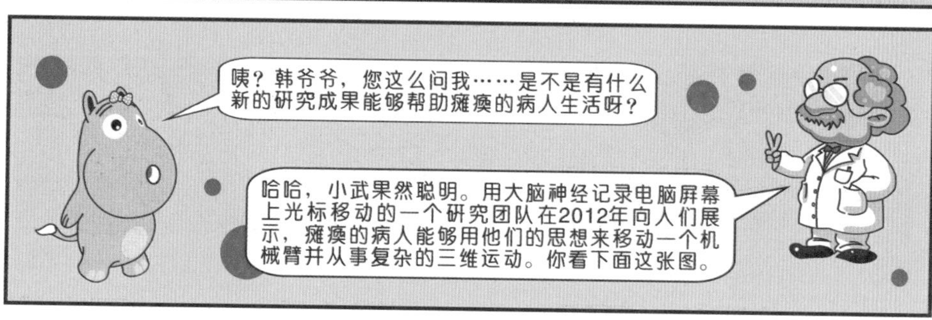
咦？韩爷爷，您这么问我……是不是有什么新的研究成果能够帮助瘫痪的病人生活呀？
哈哈，小武果然聪明。用大脑神经记录电脑屏幕上光标移动的一个研究团队在2012年向人们展示，瘫痪的病人能够用他们的思想来移动一个机械臂并从事复杂的三维运动。你看下面这张图。

哇，真是不可思议啊！享受这项技术应该非常昂贵吧？

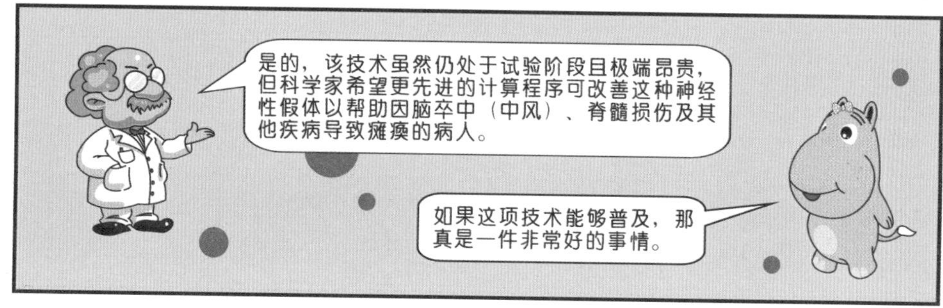
是的，该技术虽然仍处于试验阶段且极端昂贵，但科学家希望更先进的计算程序可改善这种神经性假体以帮助因脑卒中（中风）、脊髓损伤及其他疾病导致瘫痪的病人。
如果这项技术能够普及，那真是一件非常好的事情。

质子回旋加速器“加速”癌症治疗

韩爷爷，我昨天在新闻上看到咱们国家在科技上又有重大突破，叫什么回旋加速器。

你说的是100兆电子伏质子回旋加速器吧，它由中国原子能科学研究院承建，2014年7月4日首次出束，标志着国家重点科技工程——串列加速器升级工程的关键设施全面建成。该加速器是国际上最大的紧凑型强流质子回旋加速器，也是我国自行研制的能量最高质子回旋加速器。

质子回旋加速器

那这么先进的技术到底有什么实际用途呢？

你知道吗，放射性治疗是目前癌症治疗的重要手段之一。与X射线和电子束照射相比，由于质子有尖锐的“布拉格峰”，在进行放疗时，可以形成剂量相对集中于肿瘤患处的效果。对正常组织损伤小、副作用小，在轰击癌细胞的过程中将最大限度地保护人体正常组织。因此大型质子回旋加速器研发技术可用于现代医疗，尤其是癌症和肿瘤的治疗方面。

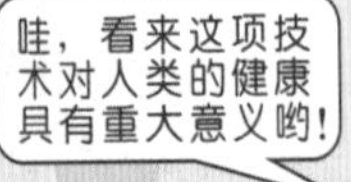
哇，看来这项技术对人类的健康具有重大意义哟！

是啊，除此之外，加速器还是核科学研究的重要平台，可开展中子物理、新核素合成、质子生物医学效应、质子辐照效应等方面的研究。

11 人肝癌预后判断和治疗新靶标

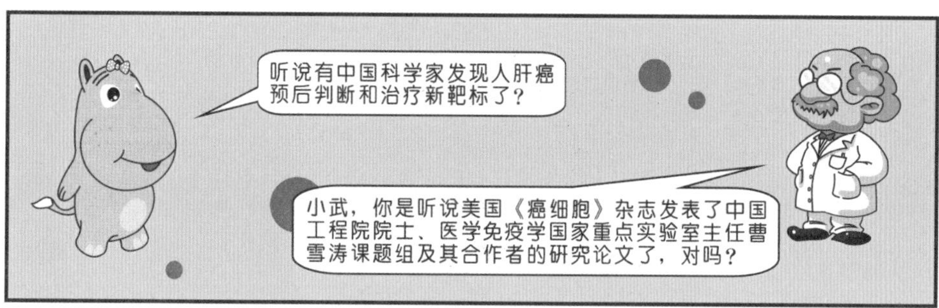
听说有中国科学家发现人肝癌预后判断和治疗新靶标了？
小武，你是听说美国《癌细胞》杂志发表了中国工程院院士、医学免疫学国家重点实验室主任曹雪涛课题组及其合作者的研究论文了，对吗？

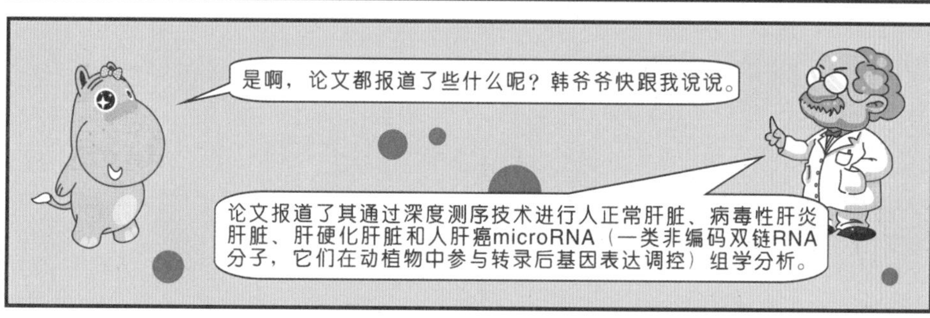
是啊，论文都报道了些什么呢？韩爷爷快跟我说说。
论文报道了其通过深度测序技术进行人正常肝脏、病毒性肝炎肝脏、肝硬化肝脏和人肝癌microRNA（一类非编码双链RNA分子，它们在动植物中参与转录后基因表达调控）组学分析。

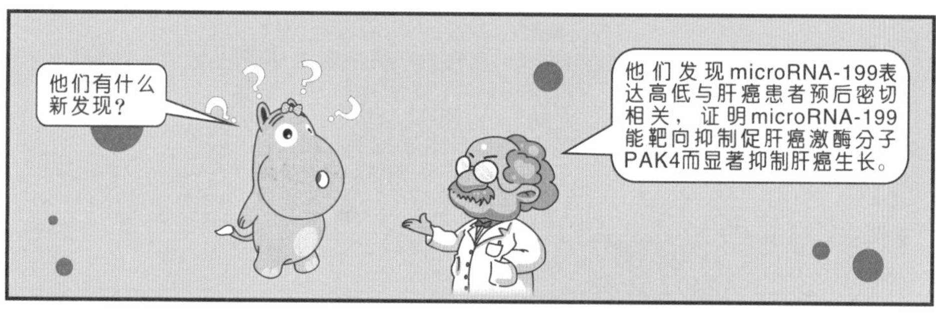
他们有什么新发现？
他们发现microRNA-199表达高低与肝癌患者预后密切相关，证明microRNA-199能靶向抑制促肝癌激酶分子PAK4而显著抑制肝癌生长。

从而为肝癌的预防判断提供了新的潜在靶标，为肝癌生物治疗提出了新方法。

12 梭杆菌与结肠癌间存在联系

小武，科学家们发现梭杆菌与结肠癌间存在联系。
结肠癌是由细菌引发的吗？

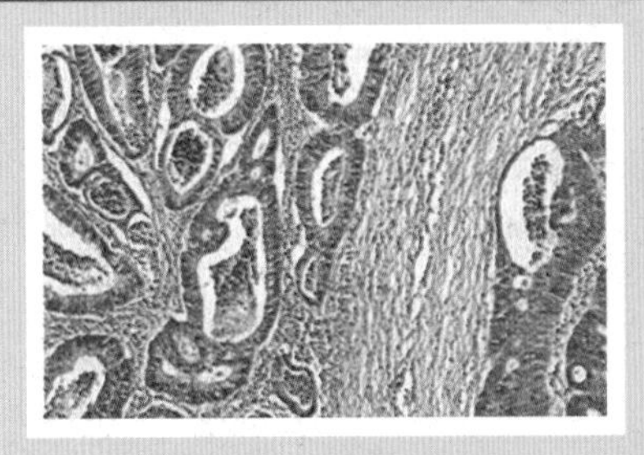

2011年10月，两支研究小组公布了类似的研究发现——在人体内脏中较为罕见的梭杆菌似乎能够在结肠癌细胞中茁壮成长，并与更高的结肠癌风险有关。

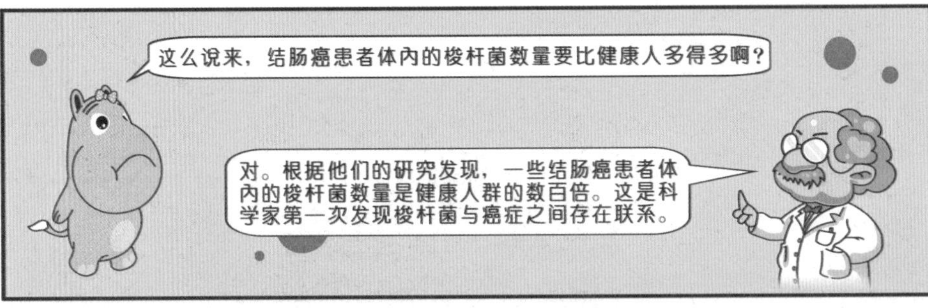
这么说来，结肠癌患者体内的梭杆菌数量要比健康人多得多啊？
对。根据他们的研究发现，一些结肠癌患者体内的梭杆菌数量是健康人群的数百倍。这是科学家第一次发现梭杆菌与癌症之间存在联系。

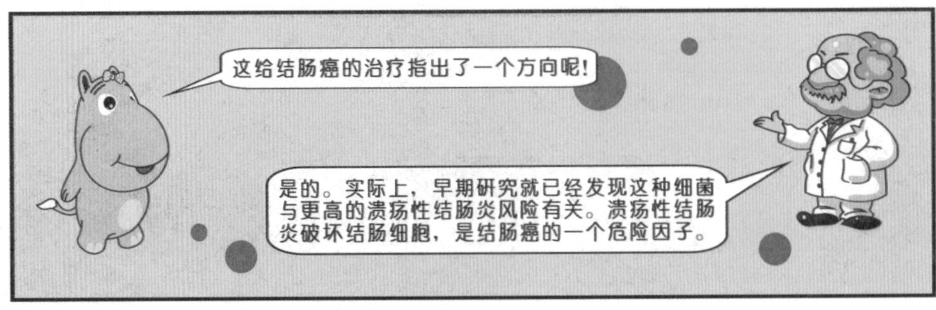
这给结肠癌的治疗指出了一个方向呢！
是的。实际上，早期研究就已经发现这种细菌与更高的溃疡性结肠炎风险有关。溃疡性结肠炎破坏结肠细胞，是结肠癌的一个危险因子。

13 狗能嗅出肺癌

在检测癌症方面，作为人类最好朋友的狗可能成为医生的一个新武器喔！
啊？！狗能帮助检测癌症呀？

根据一项新研究发现，拥有灵敏嗅觉的狗能够从人呼出的气体中嗅探出癌症迹象。
哇，这可真是件新鲜事儿。科学家是怎么研究的呢？

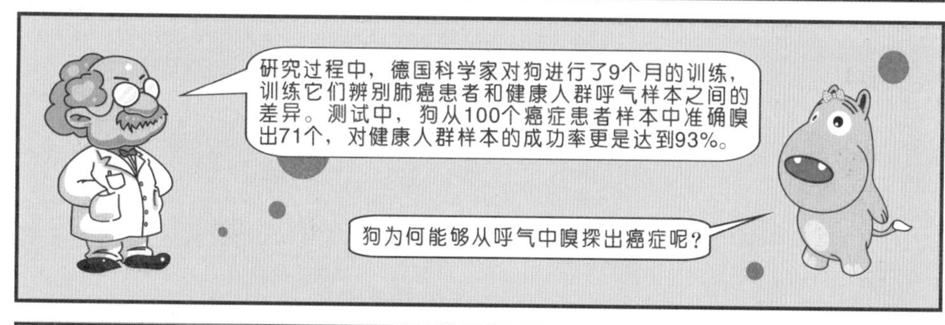
研究过程中，德国科学家对狗进行了9个月的训练，训练它们辨别肺癌患者和健康人群呼气样本之间的差异。测试中，狗从100个癌症患者样本中准确嗅出71个，对健康人群样本的成功率更是达到93%。
狗为何能够从呼气中嗅探出癌症呢？

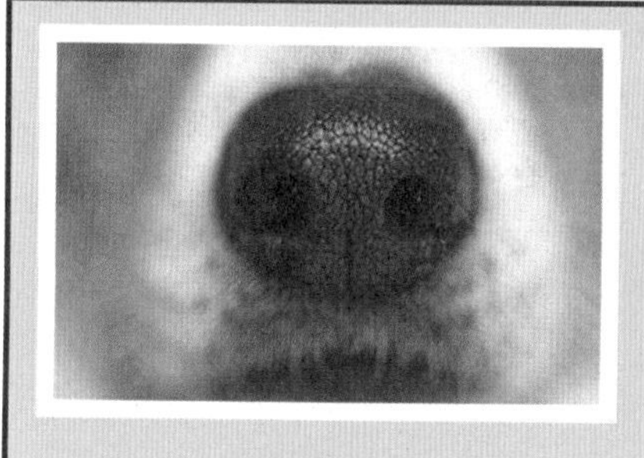

科学家认为狗能发现呼气中确定挥发性有机化合物的微小变化。当我们的身体出现癌症时，这些有机化合物会发生微妙变化。医生似乎可通过分析癌症患者的呼气确定狗究竟根据哪些化合物发生的变化嗅探癌症，但这一想法能否实现还是一个未知数。研究论文作者指出：很不幸，狗没办法告诉我们癌症患者的呼气中发生哪些生物化学变化。

14 联合免疫疗法

韩爷爷，癌症好可怕，好多人因此而死亡。癌症真的是不可治愈的吗？

科学家们一直没有间断对癌症疗法的研究。癌症免疫疗法就曾入选《科学》杂志2013年度头号科学突破。越来越多的临床证据表明，免疫系统可成为对抗肿瘤的一个“强大盟友”。

目前的一个重点便是把多种疗法混合搭配，比如联合两种新型免疫疗法，或把一种免疫疗法与一种靶向药物、放射疗法或化学疗法结合。

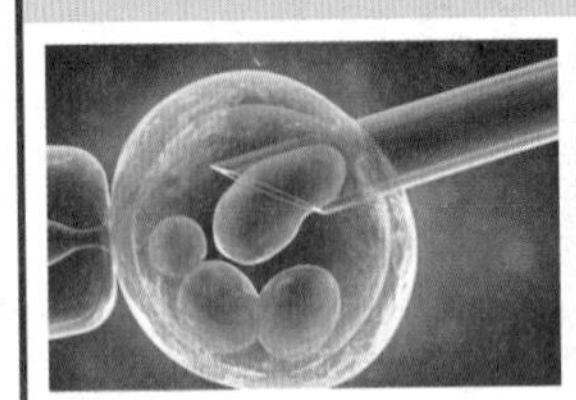

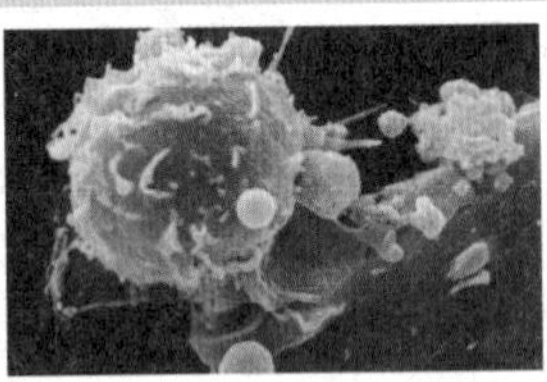

联合免疫疗法

科学家们正在进行这种联合免疫疗法的研究吧？

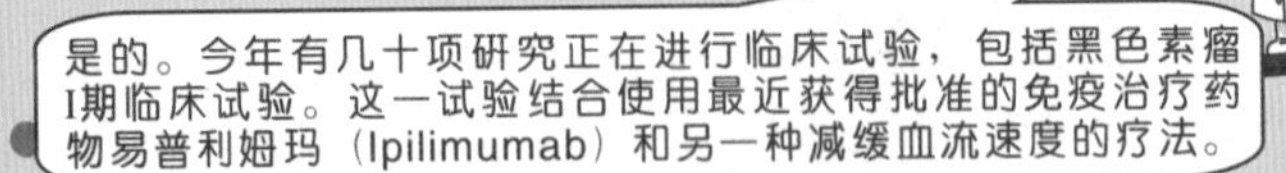
是的。今年有几十项研究正在进行临床试验，包括黑色素瘤I期临床试验。这一试验结合使用最近获得批准的免疫治疗药物易普利姆玛（Ipilimumab）和另一种减缓血流速度的疗法。

另外还有一项III期临床试验，探索易普利姆玛和化学疗法结合使用效果是否比单用化疗治肺癌的效果更好。这些研究结果将有助于肿瘤研究人员找到适合患者的治疗方案。当然，新疗法的潜在副作用仍值得关注。

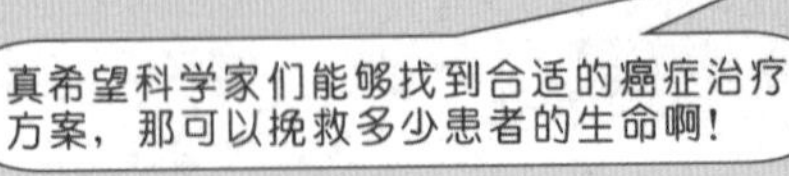
真希望科学家们能够找到合适的癌症治疗方案，那可以挽救多少患者的生命啊！

15 单针疫苗就可预防人乳头瘤病毒

韩爷爷，据说人乳头瘤病毒（HPV）疫苗是预防生殖器疣和宫颈癌的最佳方法之一对吗？
对，但在11岁的女孩和12岁的男孩中，只有一半人注射了全部三针疫苗。

啊，那没有注射该疫苗的人岂不是很难抵御这些疾病？
如果一个国际科研团队的最新研究获得证实，他们就不必再注射全部三针疫苗啦！

噢？这是项什么研究？
这组科学家在一群哥斯达黎加妇女身上进行的研究发现，单针疫苗产生的抗体数量是实际感染这种病毒产生的抗体数量的24倍。

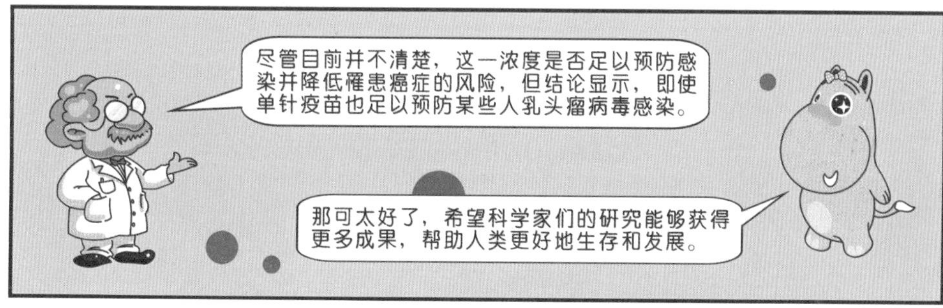
尽管目前并不清楚，这一浓度是否足以预防感染并降低罹患癌症的风险，但结论显示，即使单针疫苗也足以预防某些人乳头瘤病毒感染。
那可太好了，希望科学家们的研究能够获得更多成果，帮助人类更好地生存和发展。

恐怖的病原体储存事故

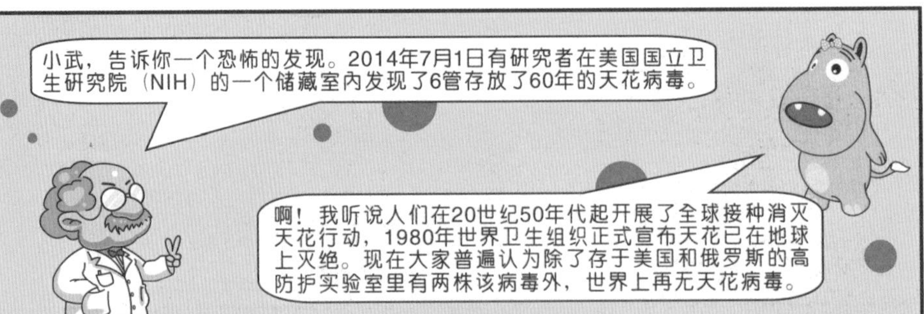
小武，告诉你一个恐怖的发现。2014年7月1日有研究者在美国国立卫生研究院（NIH）的一个储藏室内发现了6管存放了60年的天花病毒。
啊！我听说人们在20世纪50年代起开展了全球接种消灭天花行动，1980年世界卫生组织正式宣布天花已在地球上灭绝。现在大家普遍认为除了存于美国和俄罗斯的高防护实验室里有两株该病毒外，世界上再无天花病毒。

所以，这一惊人“发现”引起了人们对实验室生物安全漏洞的关注。美国疾病预防和控制中心被揭露其研究者曾不当处理炭疽菌孢子（一种致死病菌），以及误将H5N1禽流感病毒寄给别的实验室。NIH在8月开展了一次“安全大扫除”，结果发现了一个有100年历史的盒子，里面装有危险的致病菌和蓖麻毒素（一种剧毒蛋白）。
天花病毒

啊，太恐怖了！如果病毒不慎传播出来，后果不堪设想啊！
这些事故重新激起了人们关于致病菌研究的讨论。2014年10月中旬，美国白宫突然宣布不再资助针对病原体的增益研究，因为部分增益会使得像流感病毒这样的病毒更致命、更易传播。

这项规定已经开始实施了吗？
美国政府的这一规定激起了部分研究者的反对，他们认为政府不应当干涉学术，因为部分增益是为了更好地了解病原体的致病机制，政府应当加强监管而不是简单地禁止研究。目前相关讨论还在持续中。

17 疫苗设计的结构生物学方法

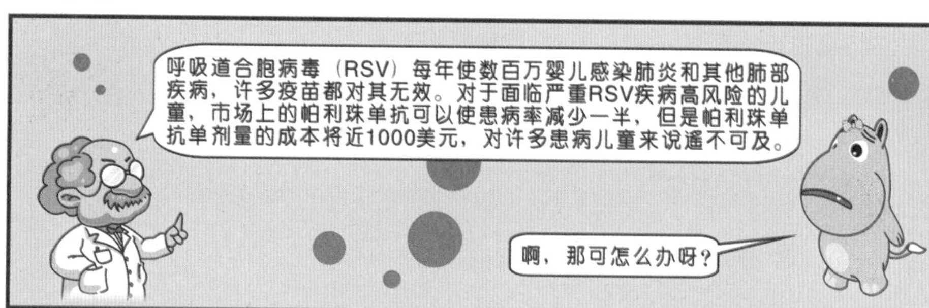
呼吸道合胞病毒（RSV）每年使数百万婴儿感染肺炎和其他肺部疾病，许多疫苗都对其无效。对于面临严重RSV疾病高风险的儿童，市场上的帕利珠单抗可以使患病率减少一半，但是帕利珠单抗单剂量的成本将近1000美元，对许多患病儿童来说遥不可及。
啊，那可怎么办呀？

几十年以来，研究人员一直希望结构生物学（在近原子水平研究生物分子）可以帮助他们设计更好的疫苗。近期他们终于发现令人信服的证据，证明该方法可带来一流的回报。
真的吗？研究人员都发现了什么？

比帕利珠单抗有效10～100倍的抗体已经开始被隔离研究。2013年5月，美国国家过敏症和传染病研究所（NIAID）的一个研究团队报告称，他们已经锁定其中一种。该抗体会与RSV表面一种被称为F的蛋白质结合（病毒在感染过程中通过F与细胞融合）。研究人员利用X射线衍射技术研究了该抗体的晶体结构，从更精细的角度分析了F蛋白质的脆弱点。11月，NIAID的研究团队取得了新的进展，使用其结构分析得到的发现设计一种RSV F蛋白质作为免疫原。其策略被证明是正确的，该蛋白质可以刺激产生高效抗体，它一夜之间成为RSV疫苗的领先候选者。

不过这种疫苗尚未用于人体，NIAID的研究人员希望先对其进行18个月的准备测试。在同年秋天发表的另外3项研究成果中，研究人员利用类似的策略为艾滋病病毒（HIV）设计疫苗。但他们尚未证明其公认的免疫原可以刺激能够应对HIV无数变异的抗体产生，即便如此，他们仍希望跟RSV研究小组的同事们一样，在动物实验中测试许多版本的人工蛋白并找到最好的那一个。既然结构生物学已经证明了它在疫苗设计上的价值，许多研究人员希望这种开创性的工作也可以为丙型肝炎疫苗、登革热疫苗等的研制指明方向。

18 首次研制出有效疟疾疫苗

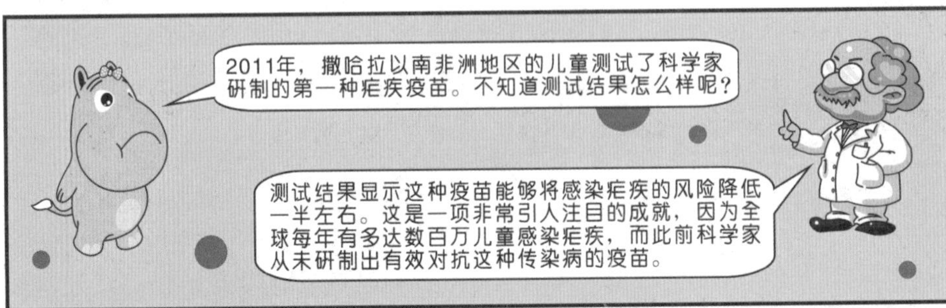
2011年，撒哈拉以南非洲地区的儿童测试了科学家研制的第一种疟疾疫苗。不知道测试结果怎么样呢？
测试结果显示这种疫苗能够将感染疟疾的风险降低一半左右。这是一项非常引人注目的成就，因为全球每年有多达数百万儿童感染疟疾，而此前科学家从未研制出有效对抗这种传染病的疫苗。

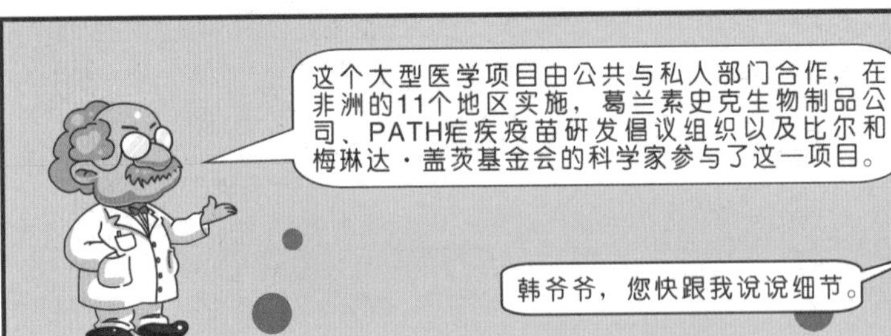
这个大型医学项目由公共与私人部门合作，在非洲的11个地区实施，葛兰素史克生物制品公司、PATH疟疾疫苗研发倡议组织以及比尔和梅琳达·盖茨基金会的科学家参与了这一项目。
韩爷爷，您快跟我说说细节。

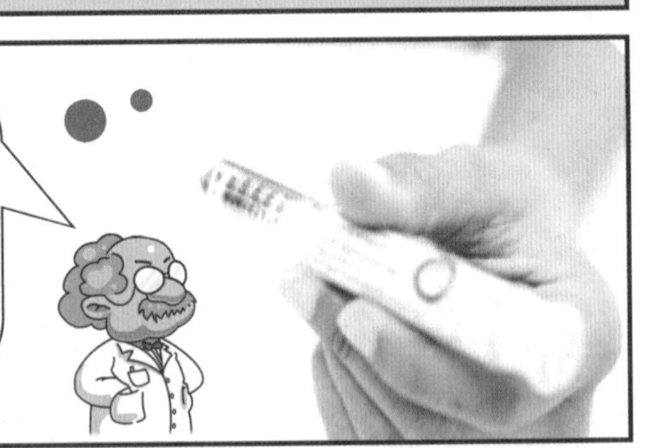
好吧。科学家表示这种被称为RTSS的试验性疫苗在接种后一年内预防5～17个月婴儿感染疟疾的有效率达到56%；预防出现严重感染病例的有效率达到47%。此项人体测试尚未完成，研究人员继续对6～12周接种RTSS的婴儿进行跟踪调查。这些婴儿是RTSS疫苗的目标人群，一旦证明能够起到预防效果，RTSS便将应用于例行公共健康疫苗计划。

据悉，两个年龄段的接种儿童都将接受近三年的跟踪研究，以了解疫苗的效用能够维持多长时间。此外，研究人员还在这一过程中收集有关婴儿接种疫苗安全性的数据。此项人体测试共有15460名儿童参与，尽管初步测试结果让人倍受鼓舞，但卫生官员必须判断他们是否拥有足够的能力，在疟疾肆虐的地区开展大规模免疫接种工作。通常情况下，预防儿童感染麻疹和轮状病毒等传染病的疫苗有效率在70%以上。

19 屠呦呦教授获诺贝尔生理学或医学奖

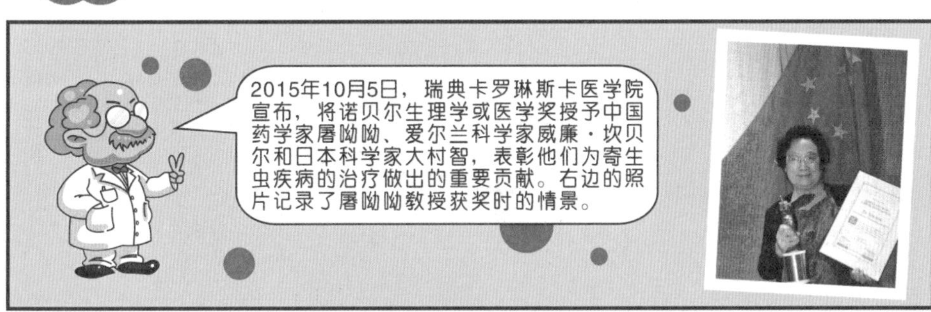
2015年10月5日，瑞典卡罗琳斯卡医学院宣布，将诺贝尔生理学或医学奖授予中国药学家屠呦呦、爱尔兰科学家威廉·坎贝尔和日本科学家大村智，表彰他们为寄生虫疾病的治疗做出的重要贡献。右边的照片记录了屠呦呦教授获奖时的情景。

哇，这是中国科学家首次获得诺贝尔奖吧！
是的，这使得中国在自然科学类诺贝尔奖上实现零的突破。

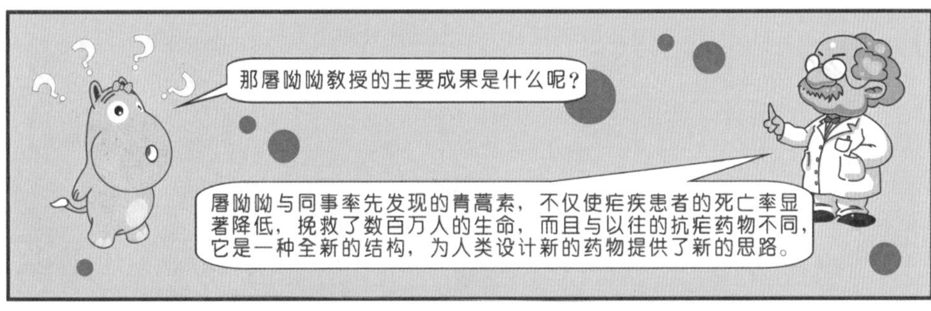
那屠呦呦教授的主要成果是什么呢？
屠呦呦与同事率先发现的青蒿素，不仅使疟疾患者的死亡率显著降低，挽救了数百万人的生命，而且与以往的抗疟药物不同，它是一种全新的结构，为人类设计新的药物提供了新的思路。

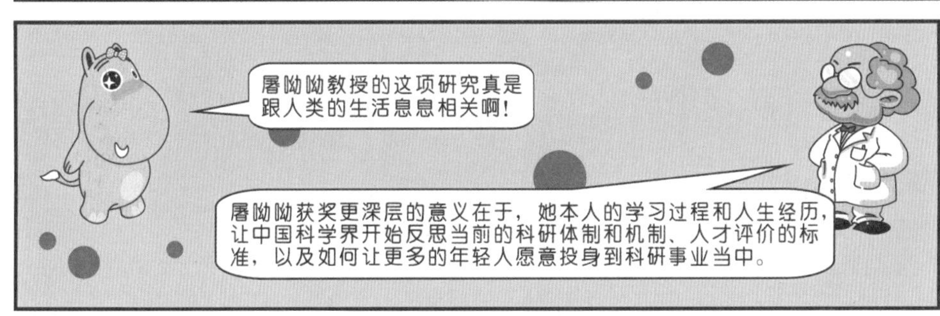
屠呦呦教授的这项研究真是跟人类的生活息息相关啊！
屠呦呦获奖更深层的意义在于，她本人的学习过程和人生经历，让中国科学界开始反思当前的科研体制和机制、人才评价的标准，以及如何让更多的年轻人愿意投身到科研事业当中。

征服脊髓灰质炎病毒

小武，你知道吗，虽然脊髓灰质炎现在只是几个国家的地方性疾病，但2013年的现实表明，消灭这种疾病的努力并非一帆风顺。
那是哪几个国家呢？

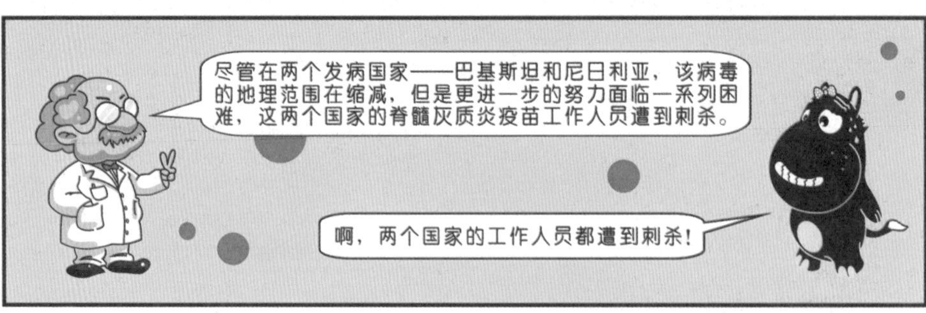
尽管在两个发病国家——巴基斯坦和尼日利亚，该病毒的地理范围在缩减，但是更进一步的努力面临一系列困难，这两个国家的脊髓灰质炎疫苗工作人员遭到刺杀。
啊，两个国家的工作人员都遭到刺杀！

第三个发病地区——阿富汗南部地区——则没有出现新的病例。但是脊髓灰质炎病毒继续导致病例的零星暴发，索马里地区报告了超过180个病例。

脊髓灰质炎病毒

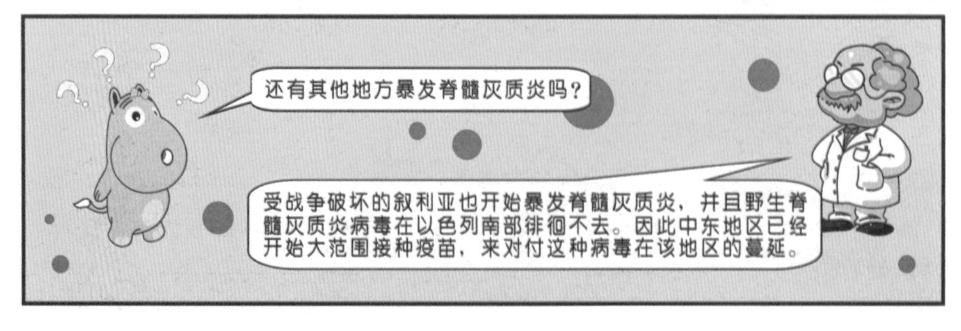
还有其他地方暴发脊髓灰质炎吗？
受战争破坏的叙利亚也开始暴发脊髓灰质炎，并且野生脊髓灰质炎病毒在以色列南部徘徊不去。因此中东地区已经开始大范围接种疫苗，来对付这种病毒在该地区的蔓延。

21 戊肝疫苗研制成功

韩爷爷，听说戊肝疫苗研制成功啦？
是的。由厦门大学、养生堂万泰公司联合研制的重组戊型肝炎疫苗（大肠埃希菌）已获得国家一类新药证书和生产文号，成为世界上第一个用于预防戊型肝炎的疫苗。

厦门大学的戊肝疫苗项目课题组，取得了保护性抗原识别及结构表征、病毒颗粒组装机制等多项核心原创发现，并逐步构建起了独特的原核表达类病毒颗粒疫苗的核心技术体系。

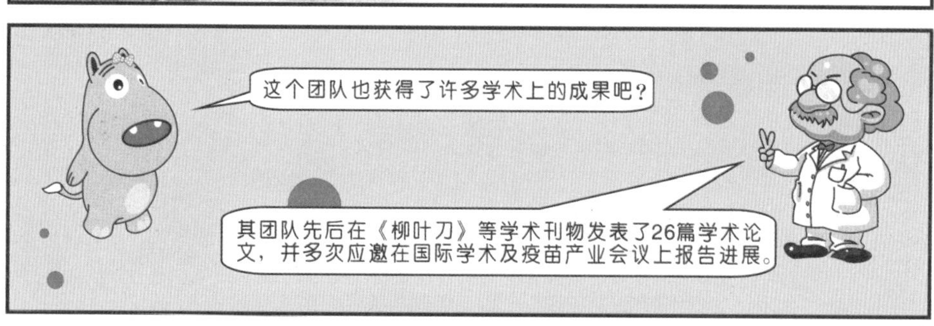
这个团队也获得了许多学术上的成果吧？
其团队先后在《柳叶刀》等学术刊物发表了26篇学术论文，并多次应邀在国际学术及疫苗产业会议上报告进展。

哇，这么厉害啊！
值得一提的是，课题组与企业合作，严格按照有关规定进行了三期临床试验。其中，第三期试验在10万健康人群中接种。

22 禽流感病毒研究获突破

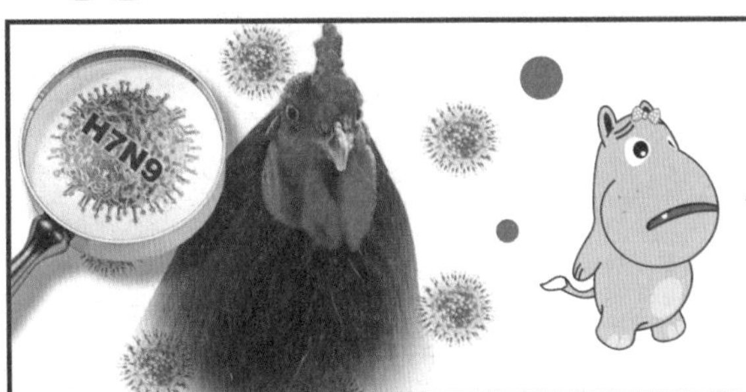
H7N9
韩爷爷，禽流感的盛行重创了家禽养殖业，造成了不少人类的伤亡呢！科学家们有什么新的研究成果吗？

中国科学院微生物所、中国疾病预防控制中心及相关高校的科研人员对H7N9禽流感病毒溯源、H5N1禽流感跨种间传播机制的研究获得重要突破。两项成果分别于2013年5月1日和3日在线发表于《柳叶刀》和《科学》杂志。

韩爷爷，您给我说说还有些什么新突破呀。

中国农科院哈尔滨兽医所陈化兰团队一项研究表明，H7N9病毒侵入人体发生突变后，存在较大人际间流行的风险。相关成果于2013年7月19日在线发表于《科学》杂志。

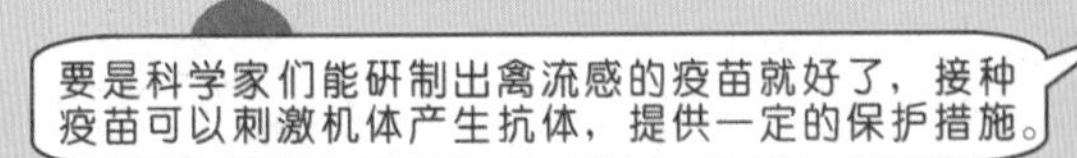
要是科学家们能研制出禽流感的疫苗就好了，接种疫苗可以刺激机体产生抗体，提供一定的保护措施。

中国科学家2013年10月26日在杭州宣布，自主研发出首例人感染H7N9禽流感病毒疫苗株。该成果由浙江大学医学院附属第一医院联合香港大学、中国疾病预防控制中心、中国食品药品检定研究院和中国医学科学院协同攻关完成。

23 HIV治疗药物也有预防功效

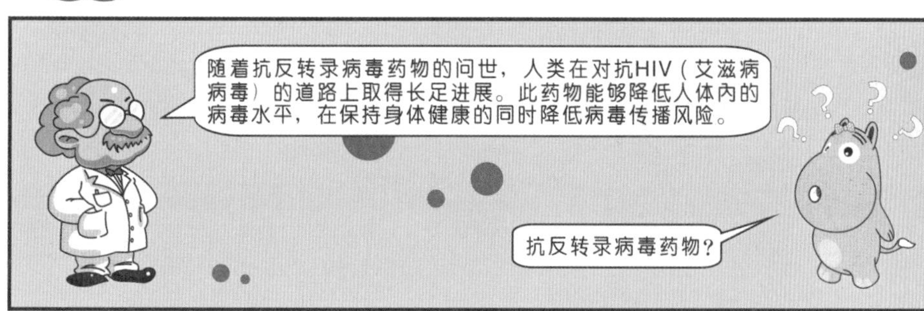
随着抗反转录病毒药物的问世，人类在对抗HIV（艾滋病病毒）的道路上取得长足进展。此药物能够降低人体内的病毒水平，在保持身体健康的同时降低病毒传播风险。
抗反转录病毒药物？

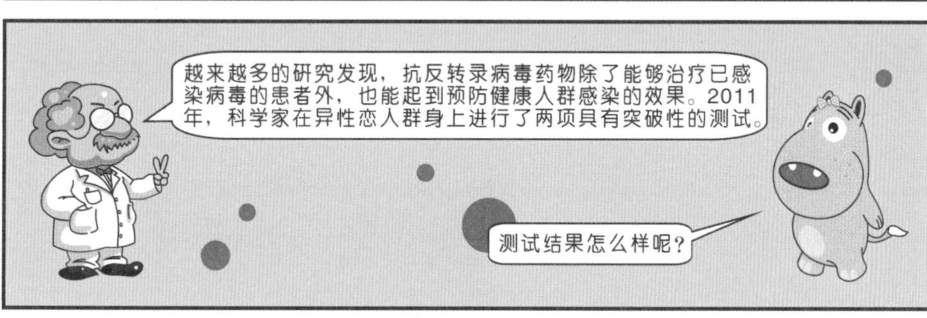
越来越多的研究发现，抗反转录病毒药物除了能够治疗已感染病毒的患者外，也能起到预防健康人群感染的效果。2011年，科学家在异性恋人群身上进行了两项具有突破性的测试。
测试结果怎么样呢？

Truvada

测试结果显示，如果每天服用抗反转录病毒药物特鲁瓦达（含有泰诺福韦和恩曲他滨药物成分），其感染HIV的几率将大大降低。其中一项研究由美国华盛顿大学的研究人员领导，针对一人HIV呈阳性、另一人并未感染的异性恋伴侣，参与者共4758对。研究结果显示，与服用安慰剂的参与者相比，服用抗反转录病毒药物的参与者3年后的病毒传播风险降低73%。

另一项研究由美国疾病预防控制中心领导，共有1200名身体健康且性生活活跃的男性和女性参与。研究结果显示，服用特鲁瓦达的参与者感染HIV风险降低63%。这两项研究进一步证明抗反转录病毒药物能够帮助遏制仍在发展中国家蔓延的艾滋病。在发展中国家，绝大多数新感染病例均为异性恋伴侣。目前，发展中国家的公共卫生官员在为感染者提供抗反转录病毒药物方面面临很大挑战，如果能够做到这一点，他们便有可能最终遏制住艾滋病的蔓延趋势。

基因疗法首次降伏HIV

韩爷爷，艾滋病现在还是不可治愈的吧？
是的，但目前艾滋病的研究有了重大进展，基因疗法首次降伏了HIV，或可促“功能性治愈”艾滋病。

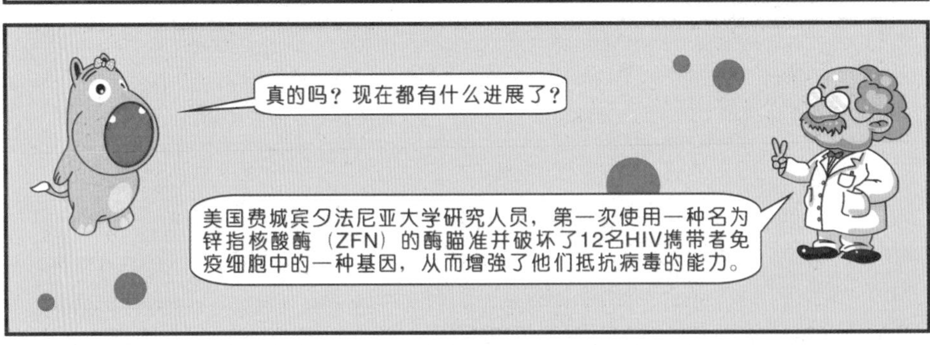
真的吗？现在都有什么进展了？
美国费城宾夕法尼亚大学研究人员，第一次使用一种名为锌指核酸酶（ZFN）的酶瞄准并破坏了12名HIV携带者免疫细胞中的一种基因，从而增强了他们抵抗病毒的能力。

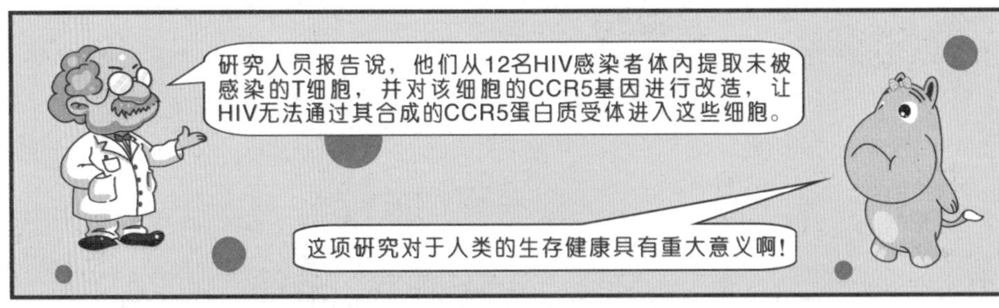
研究人员报告说，他们从12名HIV感染者体内提取未被感染的T细胞，并对该细胞的CCR5基因进行改造，让HIV无法通过其合成的CCR5蛋白质受体进入这些细胞。
这项研究对于人类的生存健康具有重大意义啊！

艾滋病病毒

是的。这项研究表明，可以安全有效地改造HIV感染者自身的T细胞，模拟针对HIV的抵抗性，这些细胞注回感染者体内后会维持一段时间，即使不服药也能将HIV拒之门外。改造T细胞是免于终身使用抗反转录病毒药物、促使功能性治愈艾滋病的关键。美国分子生物学家约翰·罗西说：这是HIV基因疗法的第一个重大进步。

25 感染艾滋病的新生儿获得功能性治愈

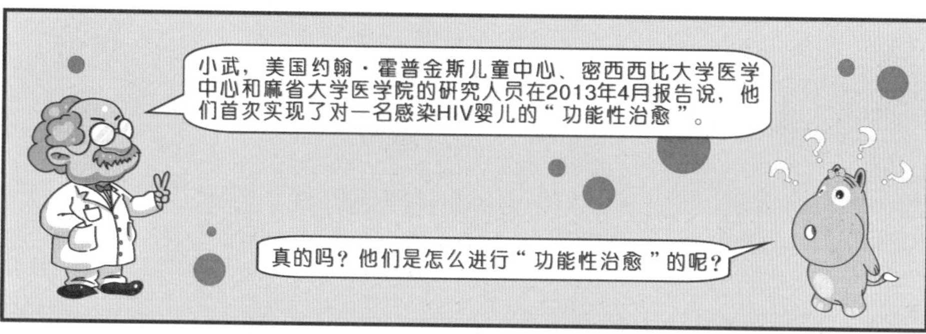
小武，美国约翰·霍普金斯儿童中心、密西西比大学医学中心和麻省大学医学院的研究人员在2013年4月报告说，他们首次实现了对一名感染HIV婴儿的“功能性治愈”。
真的吗？他们是怎么进行“功能性治愈”的呢？

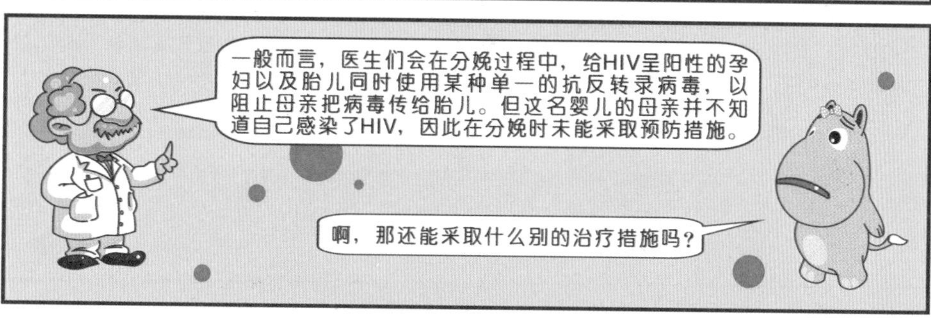
一般而言，医生们会在分娩过程中，给HIV呈阳性的孕妇以及胎儿同时使用某种单一的抗反转录病毒，以阻止母亲把病毒传给胎儿。但这名婴儿的母亲并不知道自己感染了HIV，因此在分娩时未能采取预防措施。
啊，那还能采取什么别的治疗措施吗？

医生们只好抱着碰运气的心态，在这个婴儿出生30小时后，对其实施了药力更強的抗反转录病毒联合治疗。
效果怎么样？

一系列测试表明，婴儿血液中的HIV在逐步减少，在出生29天之后，HIV降低到了无法检测的水平。10个月后，多次对其进行标准的血液检测，均未发现血液中存在HIV。HIV特异性抗体的测试结果也始终为阴性。研究人员认为，可能由于及时采用了抗病毒治疗，制止了病毒宿主的形成，该婴儿才得以治愈。最新研究成果为根治儿童HIV感染铺平了道路。

26

埃博拉大杀四方

韩爷爷，据说埃博拉病毒大杀四方，它到底给人类造成了多大的灾难呢？

最早发现于1976年的埃博拉病毒在2014年迎来了最大爆发，截至2014年12月中旬，在几内亚、利比里亚、塞拉利昂，已经有6800人死于埃博拉病毒感染。

啊！埃博拉真是暴虐恐怖啊！这病毒到底是怎么流行起来的啊？

EBOLA

科学家们对病毒样本的基因进行了分析，发现这次埃博拉大流行是由动物传播到人体中来的。

在埃博拉大爆发的前期，大家更关心药物的研发情况，但流行病专家认为也应该关注疫情的监控。不幸中的万幸是在西班牙和美国等地的患者都很快被隔离了，疫情没有出现进一步的扩散。此外，一个振奋人心的消息已经传开，那就是有一种埃博拉疫苗在健康志愿者身上通过了安全试验。2015年有更多的疫苗试验在西非展开。

对埃博拉病毒的研究还得继续下去才行啊！

是的，还有很多关于埃博拉病毒的生物学问题需要继续进行研究。目前已有几种药物的临床试验正在进行中，研究者们打算尝试用埃博拉感染幸存者富含抗体的血液展开相关治疗。血液治疗如果有效，将迅速投入到实际的治疗中。

27 中国医疗队战胜埃博拉疫情

提到埃博拉病毒，我必须要说说咱们的中国医疗队。自埃博拉疫情暴发以来，利比里亚一直处于重灾区，西非地区埃博拉病毒感染者的死亡率高达60%～90%。

韩爷爷，快跟我说说咱们中国医疗队战胜埃博拉疫情的故事。

2014年11月14日，以第三军医大学为主体，中国医疗队远赴利比里亚新建埃博拉出血热诊疗中心，帮助利比里亚防控埃博拉疫情。这也是我国首次派出成建制医疗队，在境外新建传染病诊疗中心。11月25日，中国埃博拉诊疗中心建成投入使用，12月5日接诊第一例病人。

欢送埃博拉患者治愈出院!

中国医疗队不畏生死、英勇战斗，建设完善和独立运营管理100张床位的野战传染病医院，首次对决埃博拉，治愈率60%；住院病人总治愈率达83%。在西非抗击埃博拉疫情进程中，中国是全球提供援助最早的国家之一，向相关疫情国家提供了大量人力、物力、财力支持。

中国医疗队在这场与病魔的斗争中贡献了相当大的力量啊！

是的。利比里亚政府领导人称赞说，中国医疗队是一支勇敢、充满智慧的优秀队伍，为战胜埃博拉病毒这一人类共同的敌人做出了榜样。

第二章

人猿相揖别　只几石头磨过

1 解码人类起源

韩爷爷，您看这图片里的尼安德特人，据说他们在三万年前就死去了，而我们的科学家却在八卦人家的性生活，真是有点恐怖啊！
哈哈，这可是为了解码人类起源喔！早年间研究者就在现代人类基因组中发现了尼安德特人基因，2014年有两个研究团队证实了现代人类是原始人与尼安德特人杂交的后代。
啊，还有这回事？
科学家们对迄今为止发现的最早的两个智人（一个4.5万年前的西伯利亚人和一个3.6万年前的俄罗斯人）的基因组进行研究后发现，智人（*Homo sapiens*）与尼安德特人的杂交发生在五六万年前，地点很可能在中东某个地方。

欧洲部分考古遗址的放射性碳分析则显示，人类与尼安德特人在那里共存了超过几千年，为二者的杂交提供了充足的时间。古遗传学家希望能够测序在西班牙山洞中发现的具有四十万年历史的Sima de los Huesos人的完整基因组，关于这种古人类的线粒体基因组研究结果于2013年发表。

那其他的基因组呢？古遗传学家们成功解码了吗？
由于核DNA的缺失，解码剩余的基因组被认为将更加困难。但这项研究结果将有助于澄清人类、尼安德特人以及其他名为丹尼索瓦人的古人类之间的进化关系。

丹尼索瓦人基因组

哇，这图片上是丹尼索瓦人吗？感觉是个好神秘的人类种群啊！

是的。小武，科学家发现，这个生活在上一个冰河时代的人类种群曾在三万年前与我们的祖先共同生活在这个世界上喔！

啊！科学家是怎么发现的呢？

丹尼索瓦人

一种将特定分子绑定在DNA（脱氧核糖核酸）单链上的新技术帮助研究人员仅用一块远古人的小指骨碎片，就完成了丹尼索瓦人完整的基因组测序，该基因组序列让研究人员能够将丹尼索瓦人与现代人进行比较。

通过研究，科学家们获得了什么信息呢？

科学家们的研究为我们揭示了该指骨的主人——一个在西伯利亚死去的女孩，她的生活时间是在7.4万～8.2万年前，眼睛、毛发和皮肤均为棕色。

3 寻找起源于亚洲的人类

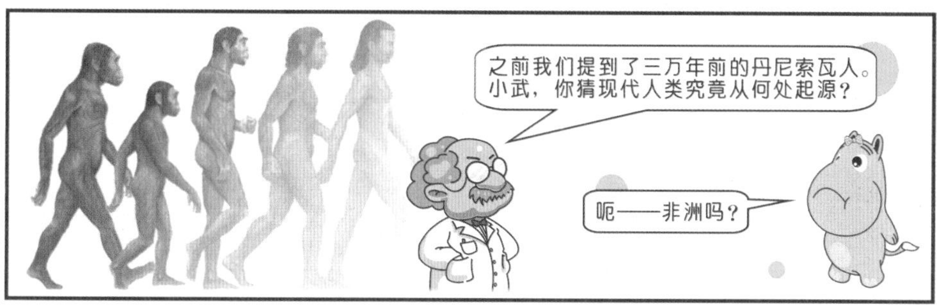
之前我们提到了三万年前的丹尼索瓦人。小武，你猜现代人类究竟从何处起源？
呃——非洲吗？

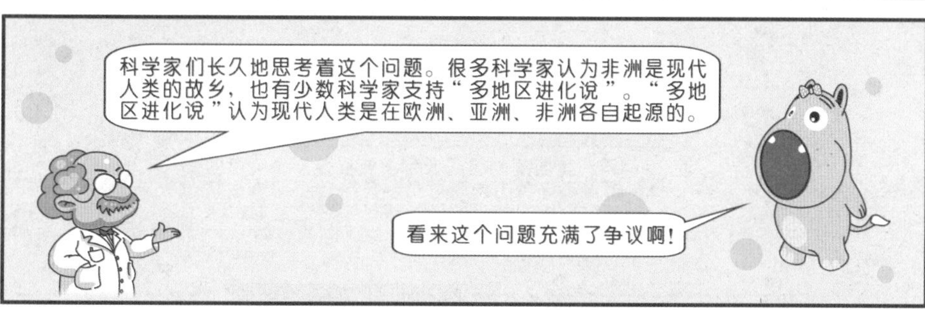
科学家们长久地思考着这个问题。很多科学家认为非洲是现代人类的故乡，也有少数科学家支持“多地区进化说”。“多地区进化说”认为现代人类是在欧洲、亚洲、非洲各自起源的。
看来这个问题充满了争议啊！

是的。我国学者就曾提出过“亚洲也可能是人类起源地之一”的看法，但一直缺少200万～400万年前人类化石材料的证明。
那对于这个问题的研究，最近有什么新进展吗？

最近西方科学家对非洲起源说产生了疑问，并提出了亚洲起源说的新见解。其起因就是科学家在横跨欧亚两洲的格鲁吉亚共和国的德玛尼悉考古发现了5具没有出土过的古人类骨架和其他遗迹，你看右图。他们是非洲以外最古老的人类残骸，是人类进化的一个特大例外。这一发现为177万年前非洲之外存在早期人类提供了令人吃惊的考古学证据。

生命基因密码“添丁”

大家都说我和妈妈长得特别像，这就是遗传吗？为什么生命会得到遗传呢？！
小武，地球上的所有生命都利用相同的基本要素构建遗传密码喔！遗传密码是一个长长的DNA链，利用4个基本分子构成所谓的遗传“字母表”。最近，生命基因密码“添丁”了呢！

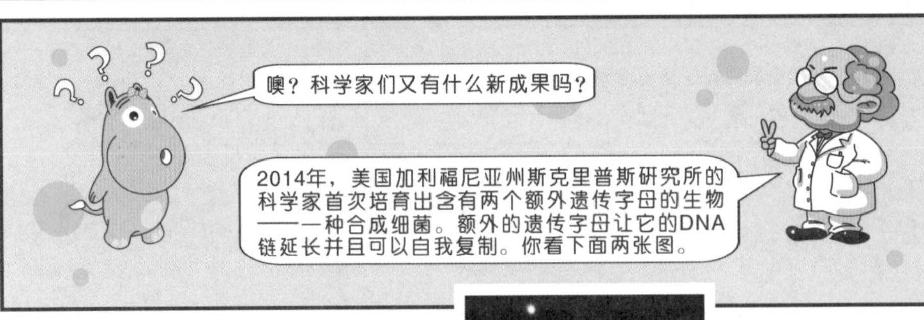
噢？科学家们又有什么新成果吗？
2014年，美国加利福尼亚州斯克里普斯研究所的科学家首次培育出含有两个额外遗传字母的生物——一种合成细菌。额外的遗传字母让它的DNA链延长并且可以自我复制。你看下面两张图。

虽然这种合成细菌无法在实验室以外的环境进行复制，但科学家相信它们可用于研制具有独特特性的生化药剂。另一支研究小组研发出一个全新的遗传物质，被称为XNA，能催化简单的反应。

那这种遗传物质有什么用途呢？
他们希望利用这种遗传物质培育合成生命，从而具备一系列可以利用的新功能。

❺ 基因组的精密工程

小武，你知道吗，
人们通常无法确
定对高级生物的
DNA进行修改和
删除的最终结果。
那后来有什
么突破吗？

在2012年，名为“转录激活因子样效应物核酸酶”
（TALENs）的工具赋予研究人员改变或关闭斑马
鱼、蟾蜍、牲畜及其他动物甚至病人的细胞中特定
基因的能力。你看，下面是相关图片。

TALEN
DNA

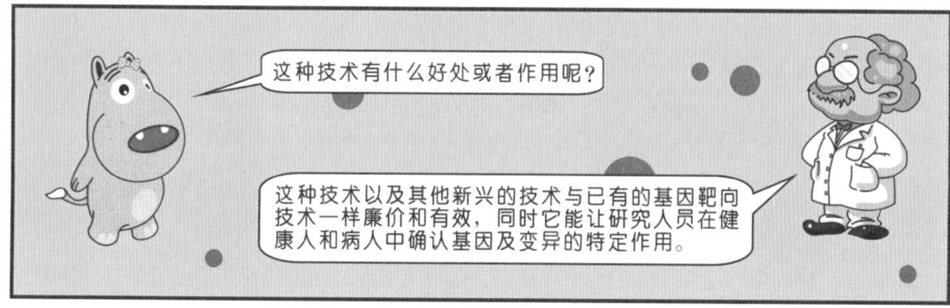
这种技术有什么好处或者作用呢？
这种技术以及其他新兴的技术与已有的基因靶向
技术一样廉价和有效，同时它能让研究人员在健
康人和病人中确认基因及变异的特定作用。

单细胞测序

韩爷爷，细胞是生物体的基本单位吧？
是的，研究人员正努力尝试将它们进行单个分离、研究和比较呢。

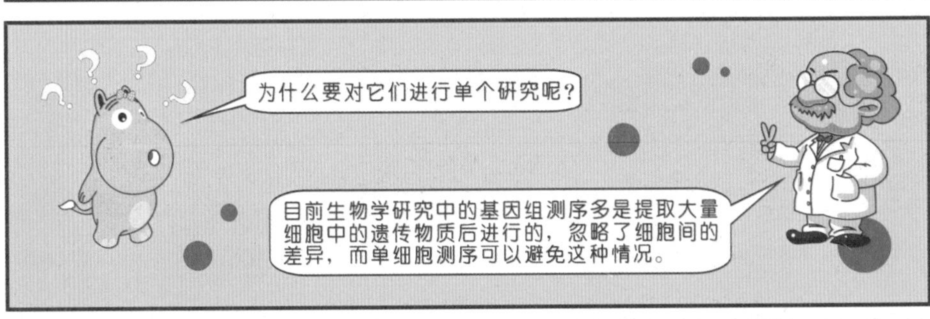
为什么要对它们进行单个研究呢？
目前生物学研究中的基因组测序多是提取大量细胞中的遗传物质后进行的，忽略了细胞间的差异，而单细胞测序可以避免这种情况。

一些科学家认为，通过研究单个、完整细胞内的遗传物质，有朝一日可理解细胞特别是脑细胞的工作机制。右图就是单细胞测序相关图片。

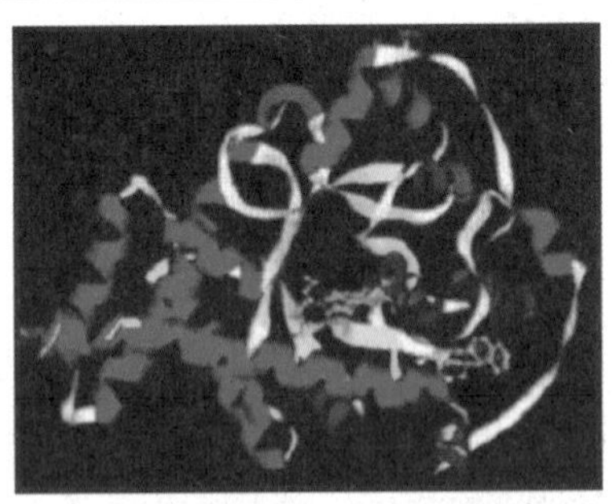

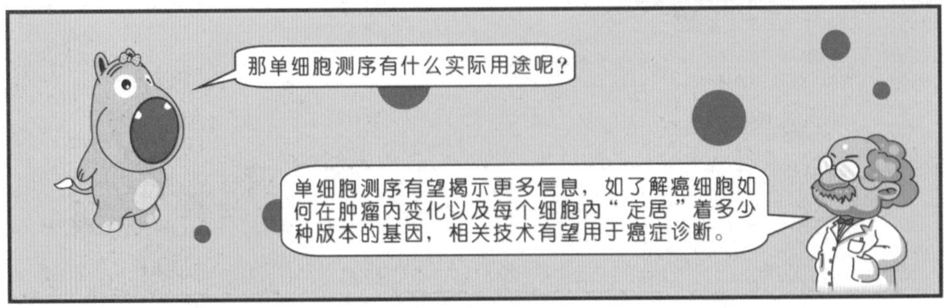
那单细胞测序有什么实际用途呢？
单细胞测序有望揭示更多信息，如了解癌细胞如何在肿瘤内变化以及每个细胞内“定居”着多少种版本的基因，相关技术有望用于癌症诊断。

中国首次完成人类单个卵细胞高精度基因组测序

2013年12月20日，世界生命科学领域的权威学术杂志《细胞》对外发布，来自中国北京大学的科研团队，在国际上首次完成了人类单个卵细胞高精度基因组测序。

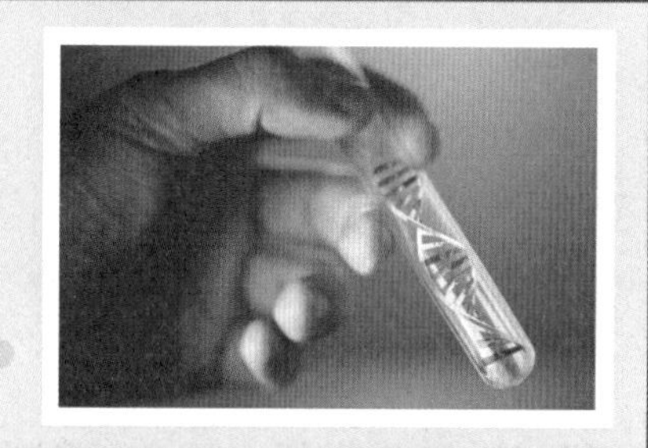

这项技术可帮助医生检测出遗传过程中来自母亲的遗传病，并有可能将试管婴儿的活产成功率从目前的30%提高到60%。

这可真是一项里程碑式的工作啊！

是的。在《细胞》杂志的这篇报道中，北大团队巧妙地利用了卵细胞成熟、受精过程出现的独特的结构——极体，它是卵细胞分裂的副产物，并且不参与卵细胞后续的正常发育过程。该团队研究人员发现了一个新的方法，通过对极体的全基因组测序推断出在受精卵中母源基因组的情况，从而选择出一个正常的胚胎进行移植。

这项研究的科研团队中都有谁啊？
该项研究由北京大学第三医院乔杰教授、生物动态光学成像中心汤富酬教授和谢晓亮教授所领导的三个研究小组共同完成。谢晓亮同时也是哈佛大学教授。

为“垃圾DNA”正名

韩爷爷，再跟我说说关于DNA的知识吧！
那我就跟你说说ENCODE项目吧。科学家们第一次对人类基因组进行测序时惊奇地发现，在长达30亿对碱基的人类基因组中，传统意义上的基因（即编码蛋白质的DNA片段）居然非常稀少。

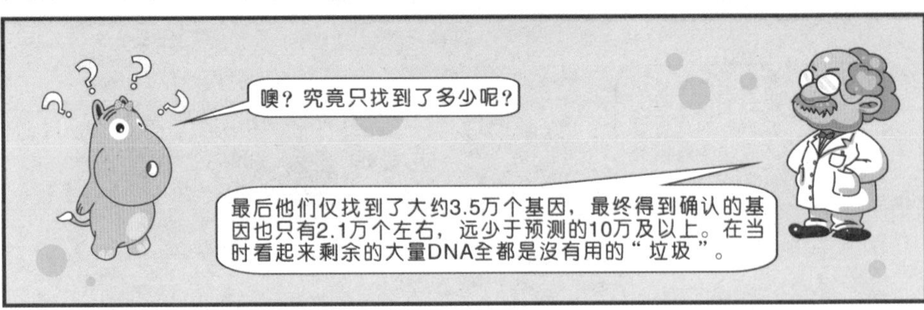
噢？究竟只找到了多少呢？
最后他们仅找到了大约3.5万个基因，最终得到确认的基因也只有2.1万个左右，远少于预测的10万及以上。在当时看起来剩余的大量DNA全都是没有用的“垃圾”。

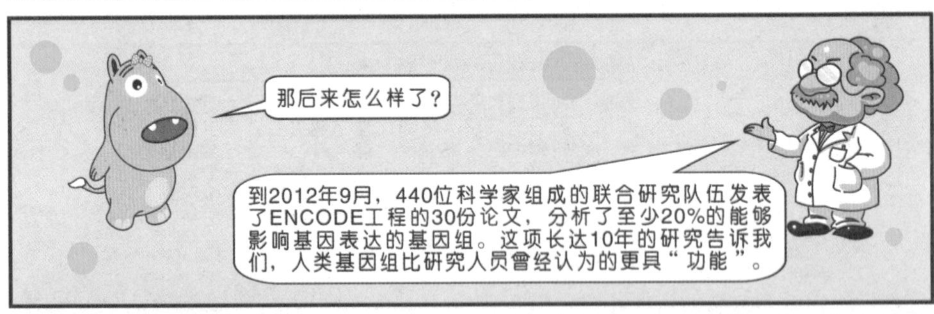
那后来怎么样了？
到2012年9月，440位科学家组成的联合研究队伍发表了ENCODE工程的30份论文，分析了至少20%的能够影响基因表达的基因组。这项长达10年的研究告诉我们，人类基因组比研究人员曾经认为的更具“功能”。

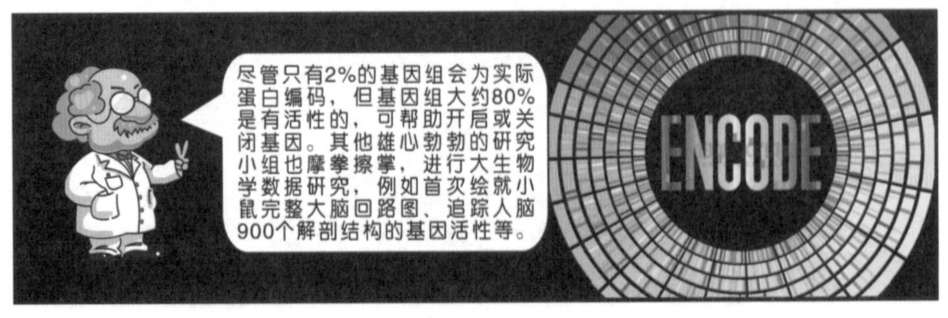
尽管只有2%的基因组会为实际蛋白编码，但基因组大约80%是有活性的，可帮助开启或关闭基因。其他雄心勃勃的研究小组也摩拳擦掌，进行大生物学数据研究，例如首次绘就小鼠完整大脑回路图、追踪人脑900个解剖结构的基因活性等。
ENCODE

9 首次发现人类DNA存在四链螺旋结构

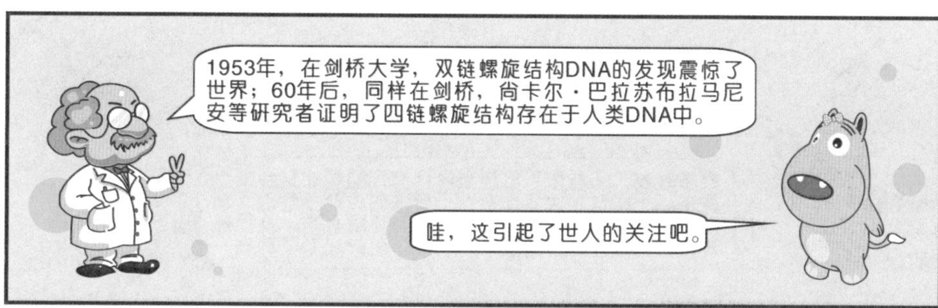
1953年，在剑桥大学，双链螺旋结构DNA的发现震惊了世界；60年后，同样在剑桥，尚卡尔·巴拉苏布拉马尼安等研究者证明了四链螺旋结构存在于人类DNA中。
哇，这引起了世人的关注吧。

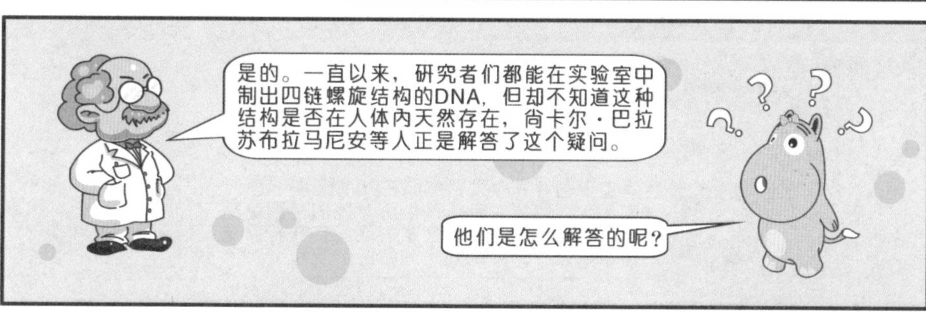
是的。一直以来，研究者们都能在实验室中制出四链螺旋结构的DNA，但却不知道这种结构是否在人体内天然存在，尚卡尔·巴拉苏布拉马尼安等人正是解答了这个疑问。
他们是怎么解答的呢？

他们使用一种会发出荧光、只与四链结构DNA结合，而不与普通双链结构DNA结合的物质，首次证实人类DNA中也存在四链螺旋结构。此外，非常值得关注的一点是，与双链结构在细胞中普遍存在相比，四链结构在那些正在快速分裂的细胞中存在较多，在一个细胞即将分裂之前，其DNA中四链结构的数量会上升。

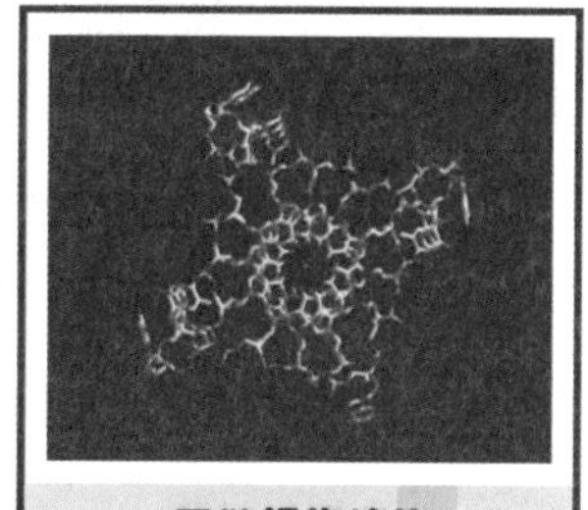

四链螺旋结构

这项研究对人类将有怎样的贡献呢？
癌症的特点就是肿瘤细胞不受控制的分裂增长，对四链结构的研究也许能带来治疗癌症的新方法，那将是人类的福音。

10 癌症干细胞研究获新证据

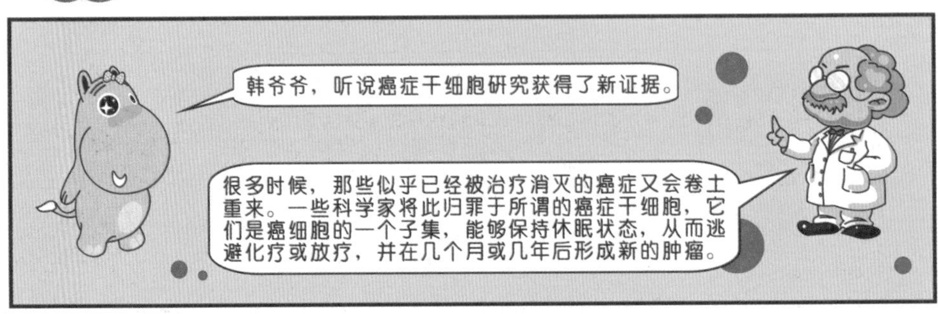
韩爷爷，听说癌症干细胞研究获得了新证据。
很多时候，那些似乎已经被治疗消灭的癌症又会卷土重来。一些科学家将此归罪于所谓的癌症干细胞，它们是癌细胞的一个子集，能够保持休眠状态，从而逃避化疗或放疗，并在几个月或几年后形成新的肿瘤。

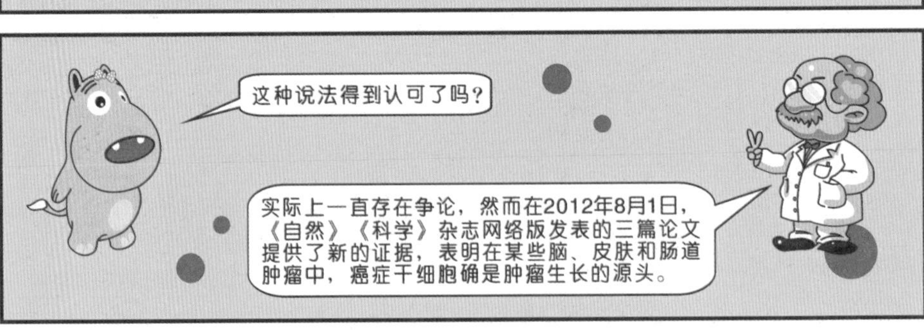
这种说法得到认可了吗？
实际上一直存在争论，然而在2012年8月1日，《自然》《科学》杂志网络版发表的三篇论文提供了新的证据，表明在某些脑、皮肤和肠道肿瘤中，癌症干细胞确是肿瘤生长的源头。

他们是用什么方法来研究的呢？
三个独立的研究团队利用遗传细胞标记技术追踪了特定细胞在生长的肿瘤内部的增殖情况。

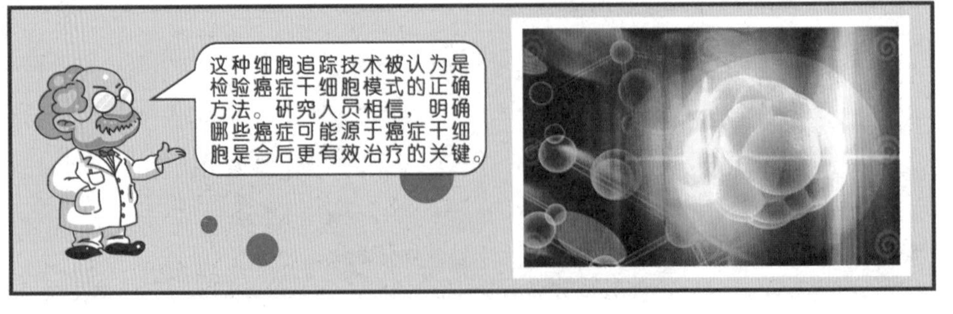
这种细胞追踪技术被认为是检验癌症干细胞模式的正确方法。研究人员相信，明确哪些癌症可能源于癌症干细胞是今后更有效治疗的关键。

首次从皮肤细胞中培养出成体干细胞

德国马普协会2012年3月22日宣布，该机构研究人员成功从已分化体细胞——皮肤细胞中培养出成体干细胞，为全球首创。
成体干细胞是什么呀？

成体干细胞是一种存在于已分化组织中的未分化细胞，可自我更新并形成特定组织。
那研究人员是怎么进行实验的呢？

在实验中，马普协会的研究人员将实验鼠皮肤细胞放在特定培养环境中，皮肤细胞在特殊生长因子的诱导下，成功“变身”成体神经干细胞。你看左图。

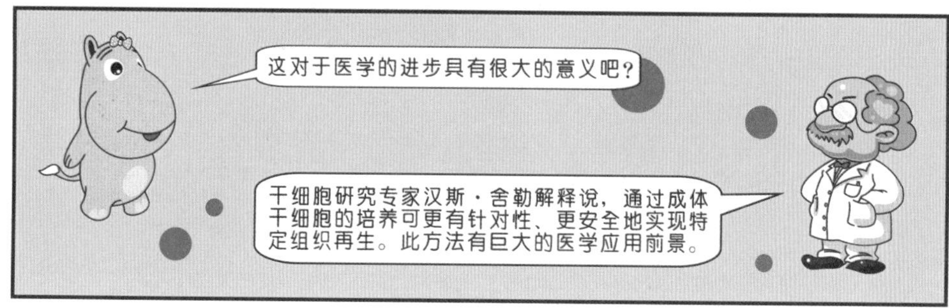
这对于医学的进步具有很大的意义吧？
干细胞研究专家汉斯·舍勒解释说，通过成体干细胞的培养可更有针对性、更安全地实现特定组织再生。此方法有巨大的医学应用前景。

干细胞试验

小武，英国《新科学家》杂志曾预测科学家在2013年会将成体细胞变成干细胞，再诱导其变成另一种细胞。这将是人类制造新的组织，甚至器官的里程碑式开端。

英国《自然》杂志好像也曾预测说，2013年利用人类胚胎干细胞进行早期临床试验会出现里程碑意义的结果。

不错，小武很有长进啊！美国加州一家生物技术公司目前已经在进行一种前所未有的研究，其针对36名患有两种无法治愈的失明症的患者，将人类视网膜中提取的干细胞注射到其眼睛中，力求使患者复明。

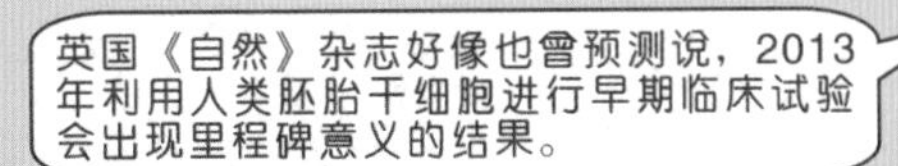
哇，在真实的患者身上做研究啊！

这是美国食品和药物管理局（FDA）首次批准进行人类胚胎干细胞疗法。该公司还希望，FDA能继续开绿灯，允许进行患者成体细胞诱导生成干细胞的试验。

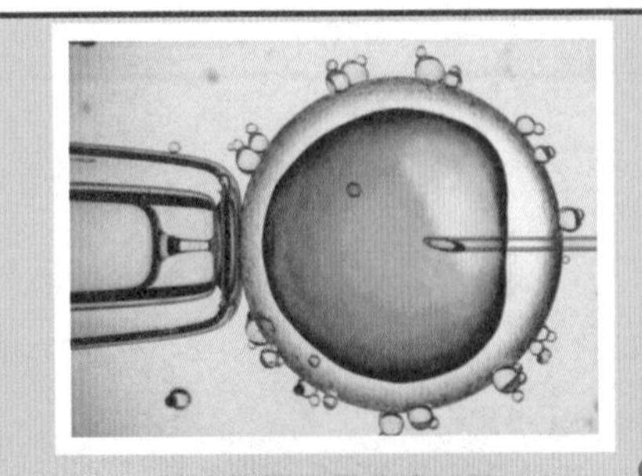

干细胞视网膜临床试验

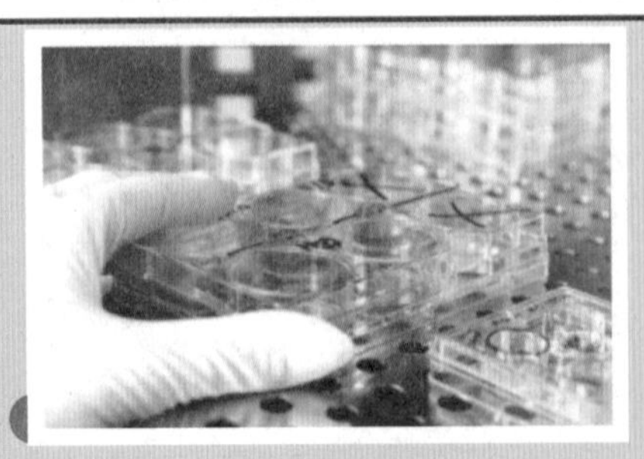

干细胞研究试验

13 世界上第一束生物激光

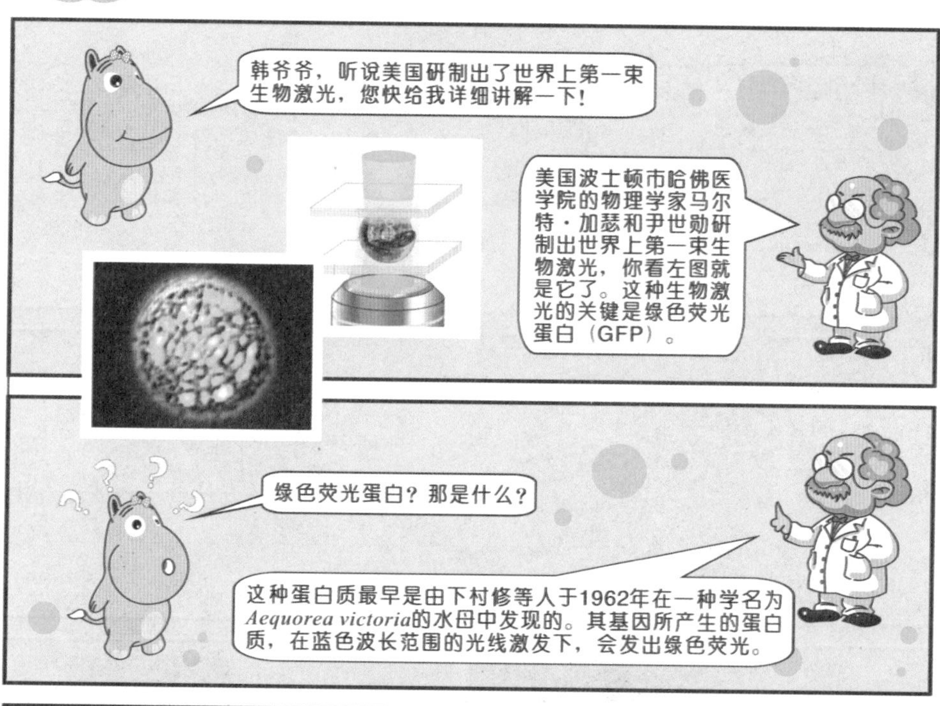
韩爷爷，听说美国研制出了世界上第一束生物激光，您快给我详细讲解一下！
美国波士顿市哈佛医学院的物理学家马尔特·加瑟和尹世勋研制出世界上第一束生物激光，你看左图就是它了。这种生物激光的关键是绿色荧光蛋白（GFP）。
绿色荧光蛋白？那是什么？
这种蛋白质最早是由下村修等人于1962年在一种学名为*Aequorea victoria*的水母中发现的。其基因所产生的蛋白质，在蓝色波长范围的光线激发下，会发出绿色荧光。

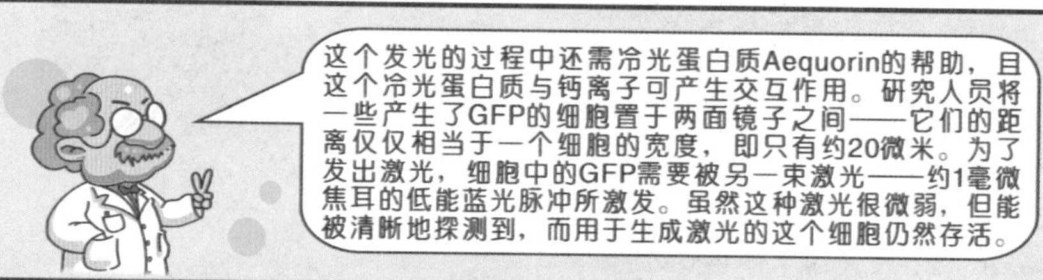
这个发光的过程中还需冷光蛋白质Aequorin的帮助，且这个冷光蛋白质与钙离子可产生交互作用。研究人员将一些产生了GFP的细胞置于两面镜子之间——它们的距离仅仅相当于一个细胞的宽度，即只有约20微米。为了发出激光，细胞中的GFP需要被另一束激光——约1毫微焦耳的低能蓝光脉冲所激发。虽然这种激光很微弱，但能被清晰地探测到，而用于生成激光的这个细胞仍然存活。

这种生物激光有什么用途呢？
科学家推测，这种生物激光能够在新型传感器或光基治疗中找到应用。例如，这种激光通过使已有药物产生反应从而杀死癌细胞。

14 让干细胞形成卵子

韩爷爷，再跟我说说关于干细胞还有什么新研究成果吧。
日本研究人员证实，小鼠的胚胎干细胞可被诱导成为具有生育能力的卵细胞。

他们是怎么证实的呢？
在研究中，他们让实验室中受精的细胞在代孕母体发育并产下小鼠幼仔。下面是相关图片。

让干细胞形成卵子

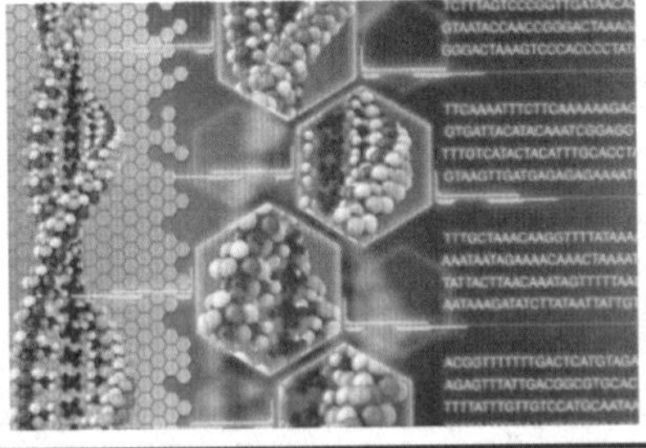

用人造卵子产下小鼠

这种方法要求发育中的卵子在雌性小鼠体内存留一段时间。虽然这没有达到科学家追求的完全在实验室中得到卵细胞的终极目标，但是它为研究基因和其他影响生育力和卵细胞发育的因素提供了強有力的工具。

15 人体胚胎克隆

小武，研究人员于2013年宣布，他们已经克隆出人体胚胎，并将其用于胚胎干细胞的来源，这可是一个梦寐以求的目标。

哇，科学家好厉害啊，克隆出人体胚胎啦！韩爷爷，那胚胎干细胞有什么作用呢？

胚胎干细胞能够发展成任何组织，并提供与克隆细胞完美匹配的基因，是研究和开发药物的強大工具。这种克隆技术被称作体细胞核移植（SCNT），科学家将细胞核从卵细胞中移出后，与细胞材料和克隆个体的一个细胞进行融合。融合细胞收到开始分裂的信号后，胚胎开始发育。

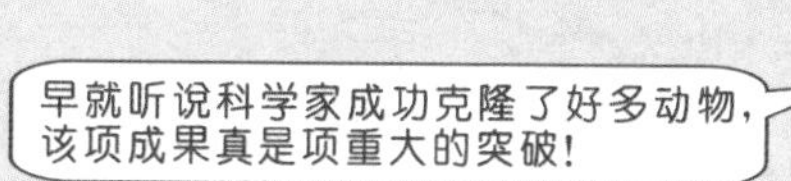
早就听说科学家成功克隆了好多动物，该项成果真是项重大的突破！

是的。科学家已经使用SCNT克隆了老鼠、猪和其他动物，但一直未攻克人体细胞。2007年美国俄勒冈国家灵长类动物研究中心的研究人员克隆出猴子胚胎，并从中获得胚胎干细胞。过程中他们发现一些调整可以使SCNT在灵长类动物细胞中更加有效。最终的方法效果惊人，10次实验中就有1次可以产生胚胎干细胞。其中一个关键的因素是咖啡因，它似乎可以帮助稳定人类卵子细胞中的关键分子。

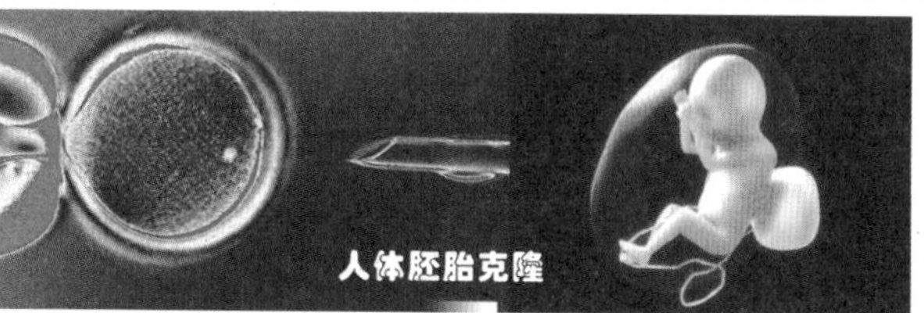
人体胚胎克隆

自从首次尝试人类克隆，研究人员发现可以通过将成年细胞“重新编程”为诱导多能干细胞，来制作针对病患的干细胞。但SCNT的技术应用于人体胚胎克隆还存在人类伦理上的争议。不过一些实验表明，至少在老鼠身上来自克隆胚胎的胚胎干细胞的质量要好于诱导多能干细胞。

16 我们终于和“多利羊”一样了

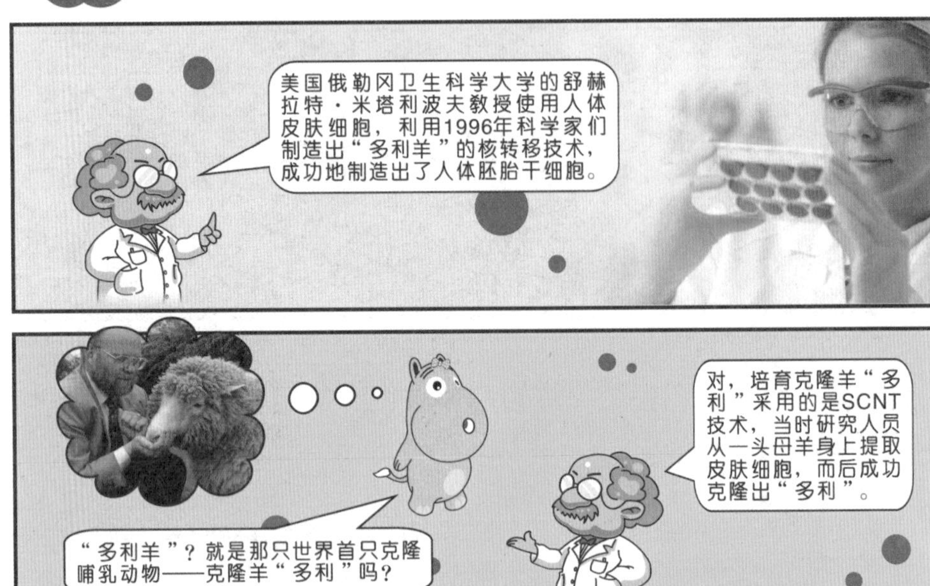
美国俄勒冈卫生科学大学的舒赫拉特·米塔利波夫教授使用人体皮肤细胞，利用1996年科学家们制造出“多利羊”的核转移技术，成功地制造出了人体胚胎干细胞。
“多利羊”？就是那只世界首只克隆哺乳动物——克隆羊“多利”吗？
对，培育克隆羊“多利”采用的是SCNT技术，当时研究人员从一头母羊身上提取皮肤细胞，而后成功克隆出“多利”。

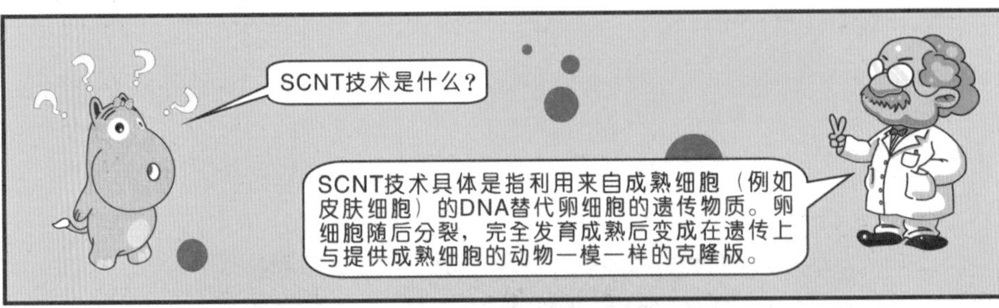
SCNT技术是什么？
SCNT技术具体是指利用来自成熟细胞（例如皮肤细胞）的DNA替代卵细胞的遗传物质。卵细胞随后分裂，完全发育成熟后变成在遗传上与提供成熟细胞的动物一模一样的克隆版。

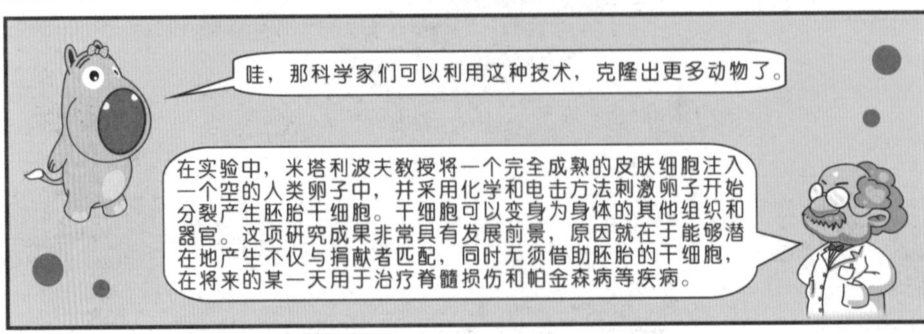
哇，那科学家们可以利用这种技术，克隆出更多动物了。
在实验中，米塔利波夫教授将一个完全成熟的皮肤细胞注入一个空的人类卵子中，并采用化学和电击方法刺激卵子开始分裂产生胚胎干细胞。干细胞可以变身为身体的其他组织和器官。这项研究成果非常具有发展前景，原因就在于能够潜在地产生不仅与捐献者匹配，同时无须借助胚胎的干细胞，在将来的某一天用于治疗脊髓损伤和帕金森病等疾病。

17 培养人体器官

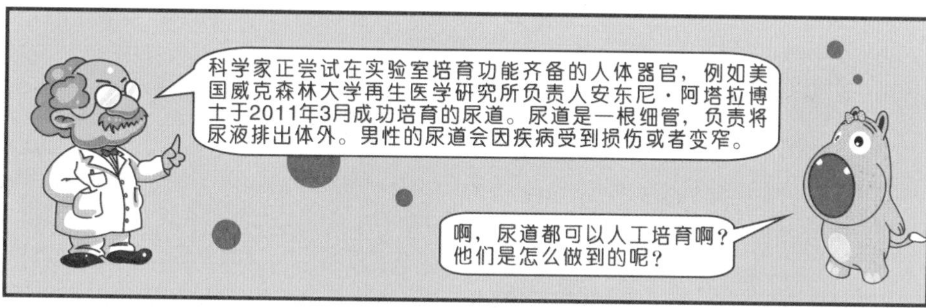
科学家正尝试在实验室培育功能齐备的人体器官，例如美国威克森林大学再生医学研究所负责人安东尼·阿塔拉博士于2011年3月成功培育的尿道。尿道是一根细管，负责将尿液排出体外。男性的尿道会因疾病受到损伤或者变窄。
啊，尿道都可以人工培育啊？他们是怎么做到的呢？

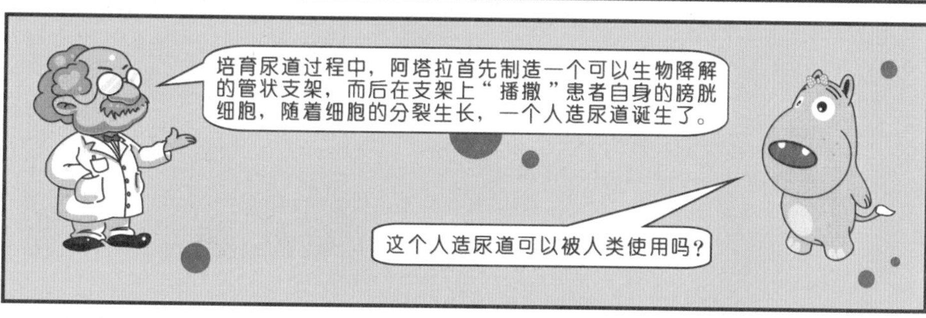
培育尿道过程中，阿塔拉首先制造一个可以生物降解的管状支架，而后在支架上“播撒”患者自身的膀胱细胞，随着细胞的分裂生长，一个人造尿道诞生了。
这个人造尿道可以被人类使用吗？

阿塔拉将人造尿道植入患者体内。如他所愿，新尿道出色地完成排尿工作。
那可太好了，许多患者都有救了。

但这项技术成本极高，无法为绝大多数患者送去福音。但在再生医学领域，阿塔拉培育的尿道无疑是一个巨大突破。他的成功让人们看到了希望，培育健康人体器官并替代受损器官并不是一个疯狂而无法实现的想法。

18 迷你器官

小武，你知道迷你器官吗？
器官还有迷你版的？

2013年，科学家成功使诱导多能干细胞成长为微小的“类器官”——肝脏雏形、迷你肾脏，甚至初期的人类大脑。由澳大利亚研究人员培养出的这种大脑与真实大脑在一些重要方面有所不同。由于其缺少血液供应，它们在长到苹果种子大小时便会停止生长，中心的细胞由于缺少养分和其他营养物质会相继死亡。你看，右图就是大脑类器官。

那为什么还要培养这些类器官呢？
类器官对人类大脑的模拟程度非常令人吃惊，在显微镜下可观察到眼组织，就像早期胎儿的大脑。迷你大脑已被投入对小头畸形病症（大脑无法成长至正常大小）的研究。

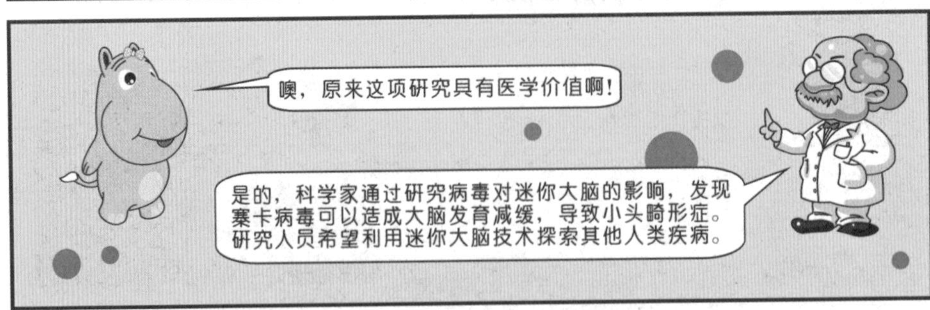
噢，原来这项研究具有医学价值啊！
是的，科学家通过研究病毒对迷你大脑的影响，发现寨卡病毒可以造成大脑发育减缓，导致小头畸形症。研究人员希望利用迷你大脑技术探索其他人类疾病。

首次3D打印出“活体组织”

小武，你应该了解过3D打印吧？你想象过3D打印出“活体组织”吗？
啊！3D打印出“活体组织”？

研究人员创造出一种水滴网络，能够模仿生物组织中细胞的一些特性。利用一台3D打印机，英国牛津大学的一个研究小组将这些小水滴组装成一种与胶状物类似的物质，从而能够像肌肉一样弯曲，并能够像神经细胞束一样传输电信号。你看，右图就是3D打印“活体组织”的相关图片。

这项成果在医学方面很有意义吧？

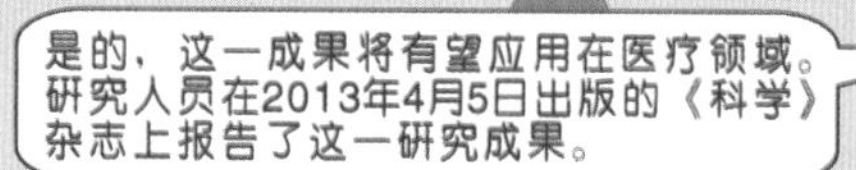
是的，这一成果将有望应用在医疗领域。研究人员在2013年4月5日出版的《科学》杂志上报告了这一研究成果。

研究人员说，这样打印出来的材料其质地与大脑和脂肪组织相似，可做出类似肌肉样活动的折叠动作，且具备像神经元那样工作的通信网络结构，可用于修复或增强衰竭的器官。

希望未来的研究成果能够投入实用，这样可以帮助许多病人。

第三章

可上九天揽月　可下五洋捉鳖

蛟龙

1 挑战太空

韩爷爷，据说好多国家都在对太空进行研究呢。
是啊，许多国家都向太空发射了卫星、探测器等。目前，世界各国都在向太空宣示自己的到来！

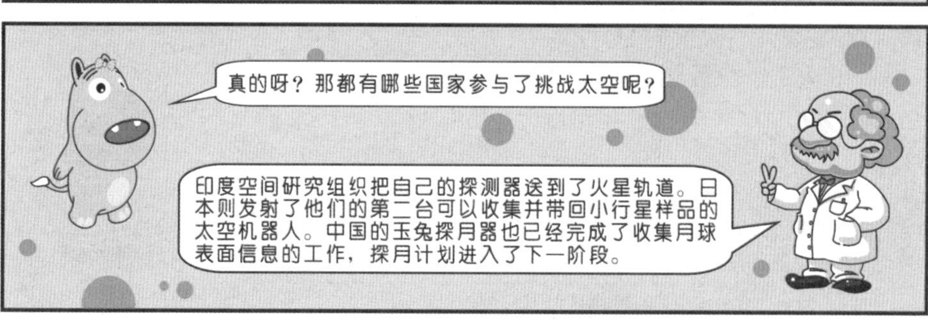
真的呀？那都有哪些国家参与了挑战太空呢？
印度空间研究组织把自己的探测器送到了火星轨道。日本则发射了他们的第二台可以收集并带回小行星样品的太空机器人。中国的玉兔探月器也已经完成了收集月球表面信息的工作，探月计划进入了下一阶段。

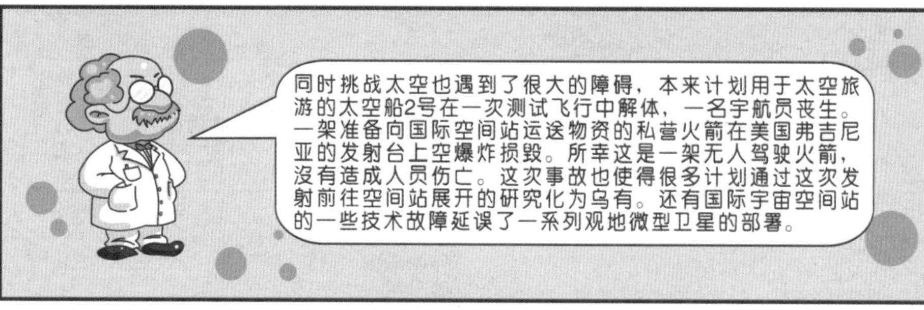
同时挑战太空也遇到了很大的障碍，本来计划用于太空旅游的太空船2号在一次测试飞行中解体，一名宇航员丧生。一架准备向国际空间站运送物资的私营火箭在美国弗吉尼亚的发射台上空爆炸损毁。所幸这是一架无人驾驶火箭，没有造成人员伤亡。这次事故也使得很多计划通过这次发射前往空间站展开的研究化为乌有。还有国际宇宙空间站的一些技术故障延误了一系列观地微型卫星的部署。

而欧洲宇航局则终于把期待已久的哨兵系列地球观测卫星中的第一颗送上了太空。哨兵系列卫星共有六颗，这些环境监测卫星将史无前例地长期监测地球的陆地、海洋和大气。
看来人类探索太空的路还很长很长呢！

 “一箭32星”发射创纪录

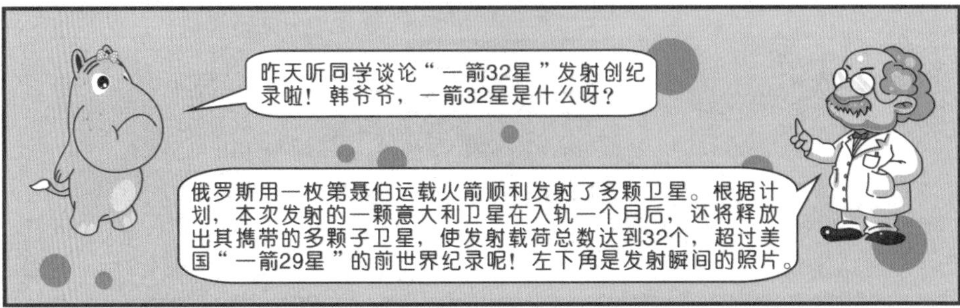

昨天听同学谈论“一箭32星”发射创纪录啦！韩爷爷，一箭32星是什么呀？
俄罗斯用一枚第聂伯运载火箭顺利发射了多颗卫星。根据计划，本次发射的一颗意大利卫星在入轨一个月后，还将释放出其携带的多颗子卫星，使发射载荷总数达到32个，超过美国“一箭29星”的前世界纪录呢！左下角是发射瞬间的照片。

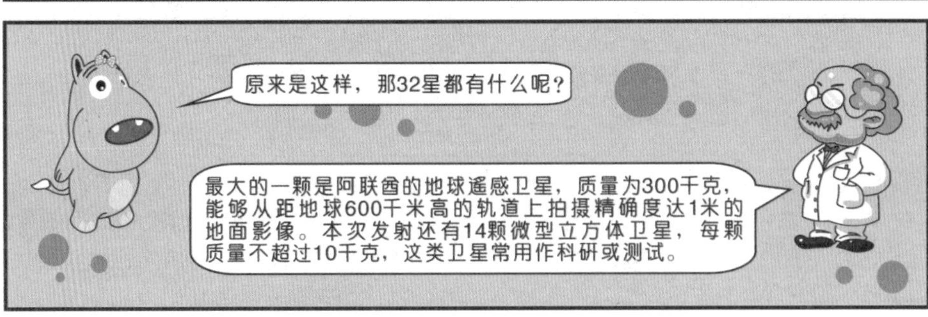

原来是这样，那32星都有什么呢？
最大的一颗是阿联酋的地球遥感卫星，质量为300千克，能够从距地球600千米高的轨道上拍摄精确度达1米的地面影像。本次发射还有14颗微型立方体卫星，每颗质量不超过10千克，这类卫星常用作科研或测试。

您刚提到的精确度又是什么意思呢？
精确度是指卫星可分辨出的两个物体之间的最近距离。精确度1米就是说两个物体分开距离1m以上，卫星才可以分辨出来。

能一次发射32星，第聂伯运载火箭也是超级厉害的!
是啊，第聂伯运载火箭为三级液体燃料火箭，起飞质量约211吨，主要用于发射小型商业卫星。

⑤ 立方体卫星

哇，太空世界真奇妙，
今天第一次听说还有
立方体卫星啊！

小武，立方体卫星是一种造价低廉的微型卫星，尺寸只有4英寸（约合10厘米）见方。虽然这种微型卫星在十几年前就被送入太空，但这项技术直到2014年才真正腾飞。
那它具体有什么作用呀？
立方体卫星一度作为大学生的教育工具。科学家表示当前的立方体卫星已开始从事一些科学研究工作。借助于这种微型卫星，只需几十万美元而非数亿美元便可进行太空探索。
哇，太空探索的成本一下子降了好多好多啊！

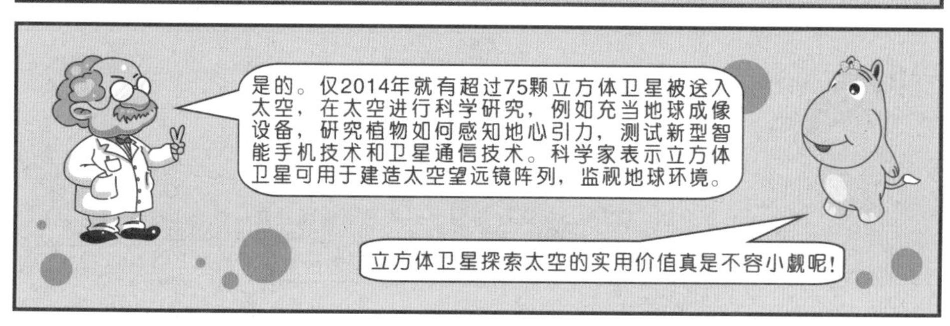
是的。仅2014年就有超过75颗立方体卫星被送入太空，在太空进行科学研究，例如充当地球成像设备，研究植物如何感知地心引力，测试新型智能手机技术和卫星通信技术。科学家表示立方体卫星可用于建造太空望远镜阵列，监视地球环境。
立方体卫星探索太空的实用价值真是不容小觑呢！

用激光束从太空传回高清视频

韩爷爷，太空的宽带时代就要到来了吗？
这就要说说“激光通信科学光学载荷”（OPALS）通信试验了。

2014年6月6日，美国航天局宣布，该机构利用激光束把一段高清视频从国际空间站传送回地面，成功完成一种可能根本性改变未来太空通信的技术演示。

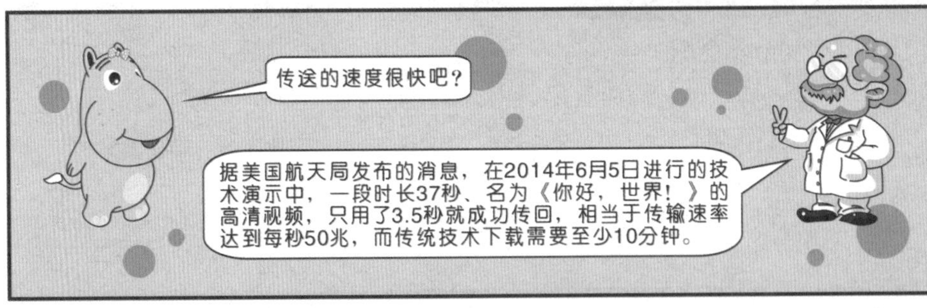
传送的速度很快吧？
据美国航天局发布的消息，在2014年6月5日进行的技术演示中，一段时长37秒、名为《你好，世界！》的高清视频，只用了3.5秒就成功传回，相当于传输速率达到每秒50兆，而传统技术下载需要至少10分钟。

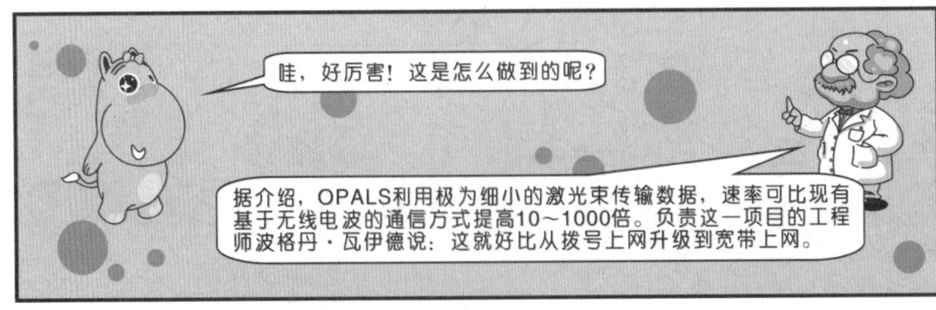
哇，好厉害！这是怎么做到的呢？
据介绍，OPALS利用极为细小的激光束传输数据，速率可比现有基于无线电波的通信方式提高10～1000倍。负责这一项目的工程师波格丹·瓦伊德说：这就好比从拨号上网升级到宽带上网。

5 新一代大推力火箭发动机研制成功

小武，重大科技新闻！中国研制成功120吨级液氧煤油高压补燃循环发动机！
韩爷爷，您给我详细说说呗！

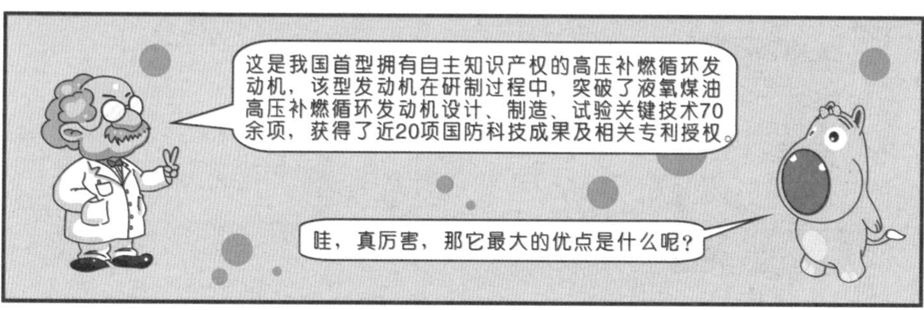
这是我国首型拥有自主知识产权的高压补燃循环发动机，该型发动机在研制过程中，突破了液氧煤油高压补燃循环发动机设计、制造、试验关键技术70余项，获得了近20项国防科技成果及相关专利授权。
哇，真厉害，那它最大的优点是什么呢？

它具有高性能、高可靠、无毒无污染等特点。它的研制成功，使我国成为继俄罗斯之后第二个掌握液氧煤油高压补燃循环火箭发动机核心技术的国家。
韩爷爷，该型发动机主要用于哪些地方呢？
它将作为我国新一代运载火箭的动力系统，为载人航天、月球探测等国家重大专项任务提供有力保障。

6 长征五号运载火箭首发成功

2016年11月3日20时43分，我国最大推力新一代运载火箭长征五号首次发射成功。
这项发射具有相当重大的意义吧？

是的，这标志着我国运载能力已进入国际先进行列，中国正由航天大国迈向航天强国。长征五号代表了我国运载火箭科技创新的最高水平，填补了大推力无毒无污染液体火箭发动机的空白，实现了异型发动机起飞技术的重大突破。

果真是项突破性的成果！
不仅如此，它也是实现未来探月工程三期、载人空间站、首次火星探测任务等国家重大科技专项和重大工程的重要基础和前提保障。

未来的重大工程？
是的，比如2017年嫦娥五号落月采样返回、2018年发射空间站核心舱、2020年发射火星探测器等任务都将依靠长征五号来实现。

7 “猎户座”载人飞船成功首飞

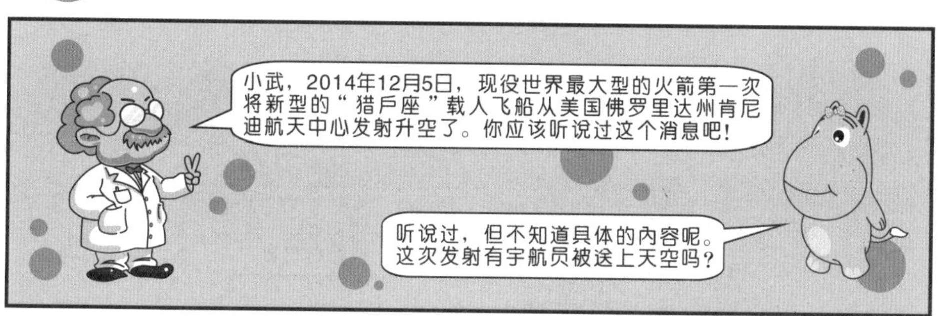
小武，2014年12月5日，现役世界最大型的火箭第一次将新型的“猎户座”载人飞船从美国佛罗里达州肯尼迪航天中心发射升空了。你应该听说过这个消息吧！
听说过，但不知道具体的内容呢。这次发射有宇航员被送上天空吗？

作为航天飞机的替代产品，此次飞行并没有将宇航员送上天，在环绕地球运行两圈即进行约四个半小时的飞行后，在三个主降落伞的拖曳下，“猎户座”平稳落入美国加利福尼亚州海岸以西的太平洋海域。等待在那里的美国海军帮助回收了飞船。

这次“猎户座”载人飞船飞行了多高呢？
此次试飞的最大高度达到距离地面5800千米，是国际空间站距离地面高度的15倍喔！

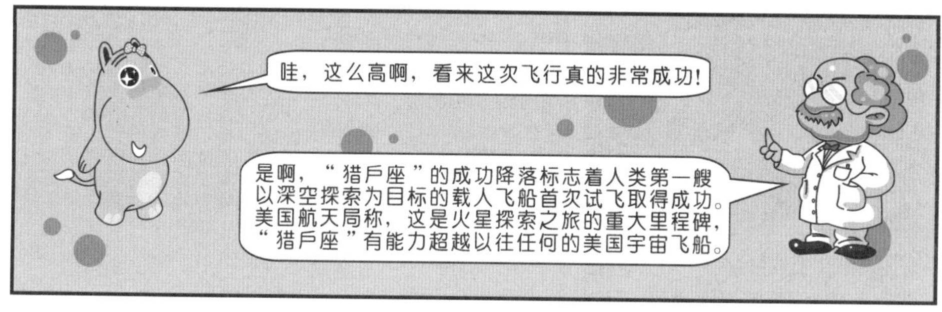
哇，这么高啊，看来这次飞行真的非常成功！
是啊，“猎户座”的成功降落标志着人类第一艘以深空探索为目标的载人飞船首次试飞取得成功。美国航天局称，这是火星探索之旅的重大里程碑，“猎户座”有能力超越以往任何的美国宇宙飞船。

8 神舟九号飞船与天宫一号成功对接

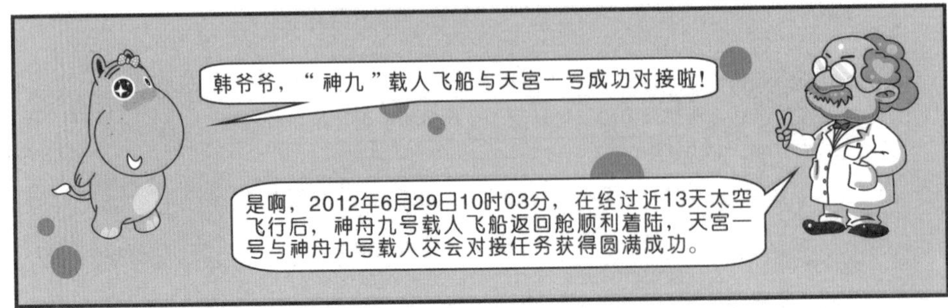
韩爷爷，“神九”载人飞船与天宫一号成功对接啦！
是啊，2012年6月29日10时03分，在经过近13天太空飞行后，神舟九号载人飞船返回舱顺利着陆，天宫一号与神舟九号载人交会对接任务获得圆满成功。

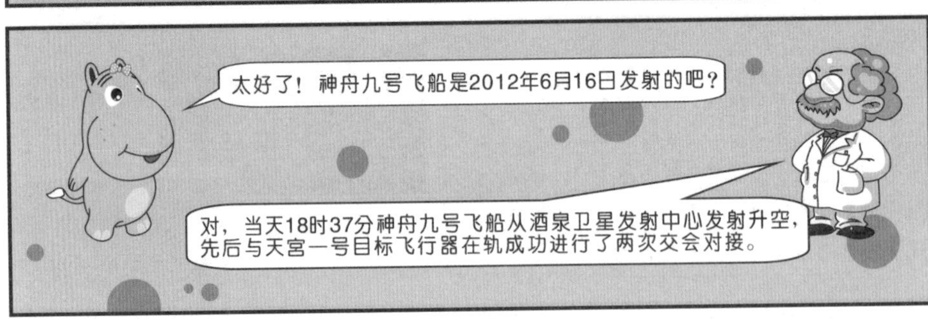
太好了！神舟九号飞船是2012年6月16日发射的吧？
对，当天18时37分神舟九号飞船从酒泉卫星发射中心发射升空，先后与天宫一号目标飞行器在轨成功进行了两次交会对接。

那神舟九号上载了哪几位航天员呢？
航天员景海鹏、刘旺、刘洋按计划开展了一系列空间科学实验和技术试验，取得了丰富成果。

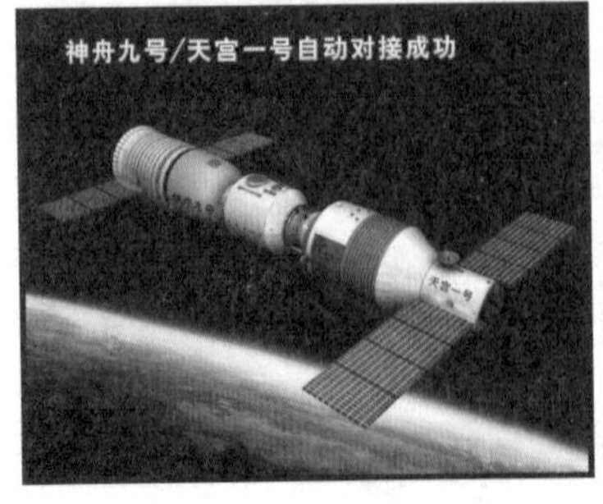
神舟九号/天宫一号自动对接成功

天宫一号与神舟九号载人交会对接任务的圆满成功，实现了我国空间交会对接技术的又一重大突破，标志着我国载人航天工程第二步战略目标取得了具有决定性意义的重要进展。左边就是两者对接的示意图。

9 神舟十号飞船成功返回

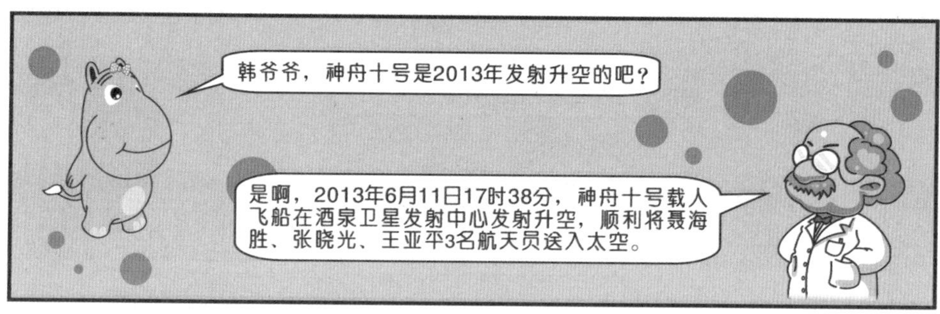
韩爷爷，神舟十号是2013年发射升空的吧？
是啊，2013年6月11日17时38分，神舟十号载人飞船在酒泉卫星发射中心发射升空，顺利将聂海胜、张晓光、王亚平3名航天员送入太空。

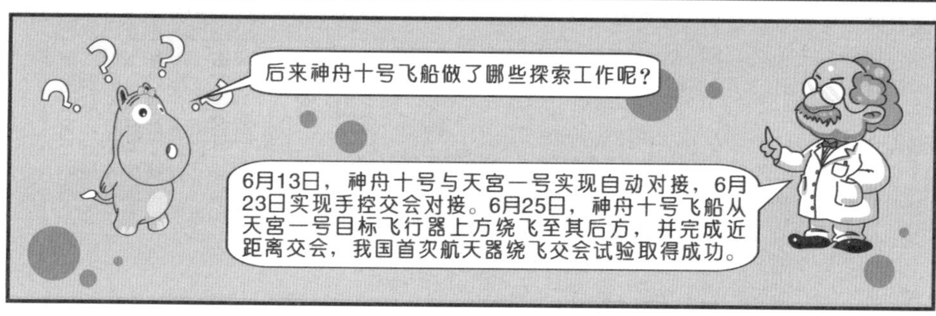
后来神舟十号飞船做了哪些探索工作呢？
6月13日，神舟十号与天宫一号实现自动对接，6月23日实现手控交会对接。6月25日，神舟十号飞船从天宫一号目标飞行器上方绕飞至其后方，并完成近距离交会，我国首次航天器绕飞交会试验取得成功。

组合体飞行期间，航天员进驻天宫一号，并开展航天医学实验、技术试验及太空授课活动，开创中国载人航天应用性飞行的先河。6月26日，神舟十号载人飞船返回舱返回地面。

10 神舟十一号任务圆满完成

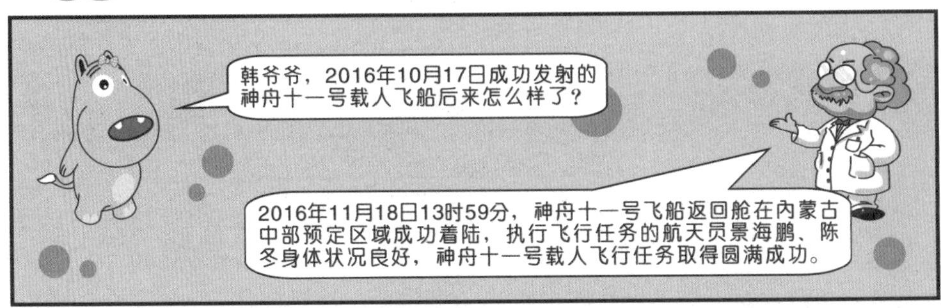
韩爷爷，2016年10月17日成功发射的神舟十一号载人飞船后来怎么样了？
2016年11月18日13时59分，神舟十一号飞船返回舱在内蒙古中部预定区域成功着陆，执行飞行任务的航天员景海鹏、陈冬身体状况良好，神舟十一号载人飞行任务取得圆满成功。

神舟十一号飞船发射升空，随后与天宫二号对接形成组合体，两名航天员进驻天宫二号进行了为期30天的驻留。在执飞期间，完成了一系列空间科学实验和技术试验。
哇，那真是太好了！

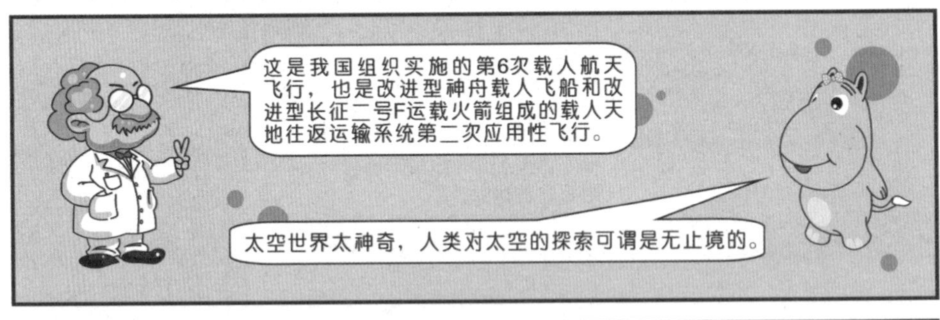
这是我国组织实施的第6次载人航天飞行，也是改进型神舟载人飞船和改进型长征二号F运载火箭组成的载人天地往返运输系统第二次应用性飞行。
太空世界太神奇，人类对太空的探索可谓是无止境的。

是的。神舟十一号载人飞行任务圆满成功，标志着我国载人航天工程实验室阶段任务取得具有决定性意义的重要成果，为后续空间站建造运营奠定了更加坚实的基础。

11 嫦娥二号7米分辨率全月影像图发布

韩爷爷，2010年发射升空的“嫦娥二号”后来怎么样了？
中国国防科技工业局发布了探月工程嫦娥二号月球探测器获得的7米分辨率全月球影像图呢！

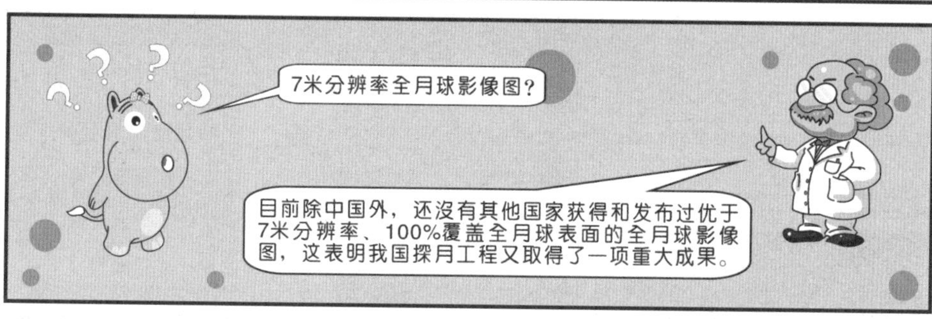
7米分辨率全月球影像图？
目前除中国外，还没有其他国家获得和发布过优于7米分辨率、100%覆盖全月球表面的全月球影像图，这表明我国探月工程又取得了一项重大成果。

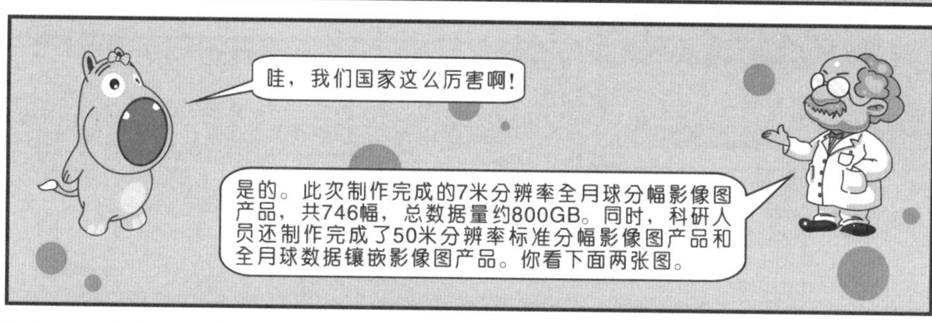
哇，我们国家这么厉害啊！
是的。此次制作完成的7米分辨率全月球分幅影像图产品，共746幅，总数据量约800GB。同时，科研人员还制作完成了50米分辨率标准分幅影像图产品和全月球数据镶嵌影像图产品。你看下面两张图。

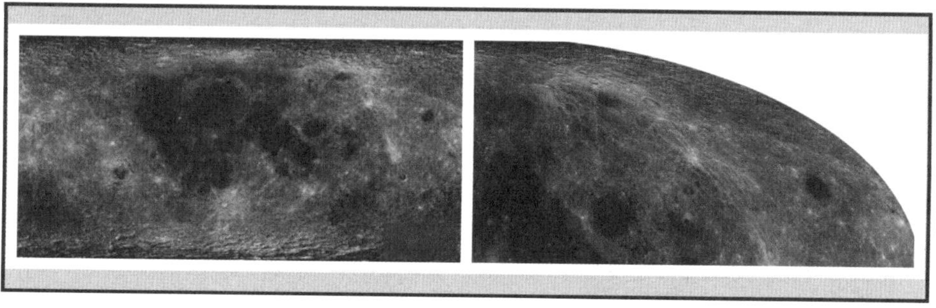

12 嫦娥三号月面软着陆开展科学探测

韩爷爷，跟我说说咱们国家进行月球探测的事儿吧。
2013年12月2日1时30分，我国在西昌卫星发射中心用长征三号乙运载火箭，成功将嫦娥三号探测器发射升空了。
那后来怎么样了呢？
14日21时11分，嫦娥三号在月球正面的虹湾以东地区实现软着陆。15日4时35分，嫦娥三号着陆器与巡视器分离，“玉兔号”巡视器顺利驶抵月球表面。15日23时45分，两器完成互拍成像。
嫦娥三号
嫦娥三号具体做了哪些探测工作呢？
按照计划，嫦娥三号开展月表形貌与地质构造调查、月表物质成分和可利用资源调查、地球等离子体层探测和月基光学天文观测等科学探测任务。

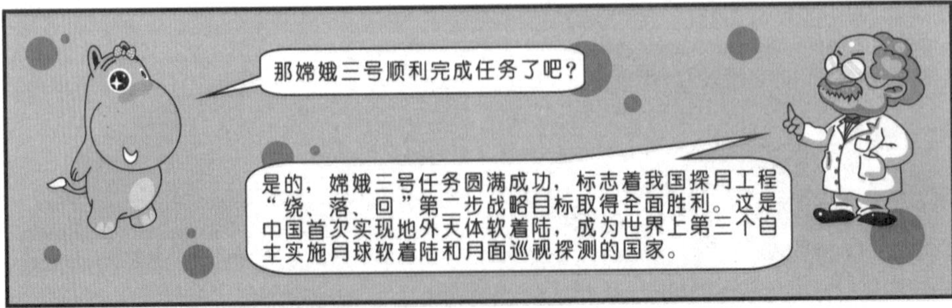
那嫦娥三号顺利完成任务了吧？
是的，嫦娥三号任务圆满成功，标志着我国探月工程“绕、落、回”第二步战略目标取得全面胜利。这是中国首次实现地外天体软着陆，成为世界上第三个自主实施月球软着陆和月面巡视探测的国家。

13 探月工程三期再入返回飞行试验

韩爷爷，听说中国探月工程三期再入返回飞行试验获得圆满成功了，是真的吗？
是啊，中国国防科技工业局宣布，2014年11月1日6时42分，再入返回飞行试验返回器在内蒙古四子王旗预定区域顺利着陆。
这个试验器是哪一天发射的呢？
再入返回飞行试验器于2014年10月24日在中国西昌卫星发射中心发射升空，进入地月转移轨道。看你左上方就是在发射瞬间拍到的照片。
这能给太空研究提供很多有价值的信息吧？
对啊，科研人员对飞行试验获得的数据进行深入研究，为优化完善嫦娥五号任务设计提供技术支撑。试验器服务舱将继续在太空飞行，并开展一系列拓展试验。
那这项实验真是意义重大呢！
首次再入返回飞行试验圆满成功，标志着中国已全面突破和掌握航天器以接近第二宇宙速度的高速再入返回关键技术，为确保嫦娥五号任务顺利实施和探月工程持续推进奠定了坚实基础。

好奇号的着陆系统

小武，韩爷爷这次跟你讲讲好奇号的着陆系统。
好奇号？好像跟火星探测有关吧？

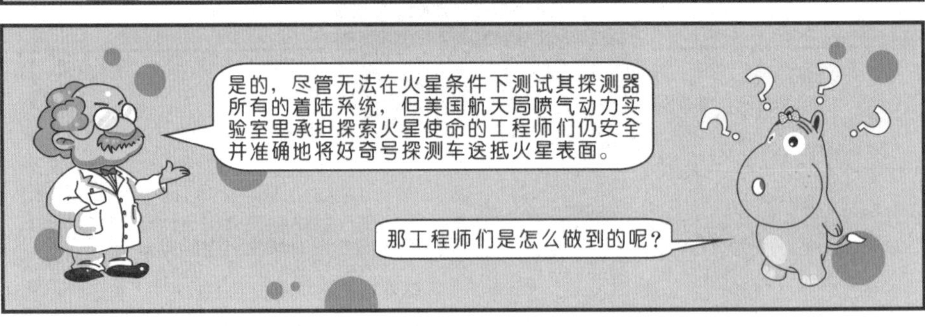
是的，尽管无法在火星条件下测试其探测器所有的着陆系统，但美国航天局喷气动力实验室里承担探索火星使命的工程师们仍安全并准确地将好奇号探测车送抵火星表面。
那工程师们是怎么做到的呢？

这个3.3吨的飞行器因过重而无法以传统的方式登陆，为此该团队从起重机和直升机那里得到灵感，创建了“空中起重机”着陆系统，它将带轮的好奇号吊挂在三根线缆的末端让其着落。这一完美着陆让设计人员再次获得了信心，宇航局希望未来在已有的探测车附近让第二辆探测车着陆，并将第一辆探测车取得的样本收集起来送回地球。
你看，上图是好奇号探测器登陆火星表面的画面，一架悬浮的太空起重机刚刚将这架探测器轻轻地放在了地上。自从2012年8月于盖尔陨石坑着陆以来，好奇号已经传回了数量惊人的图像，并分析了火星表面和大气，但没有找到任何能暗示着生命存在的有机分子。

15 “罗塞塔”任务

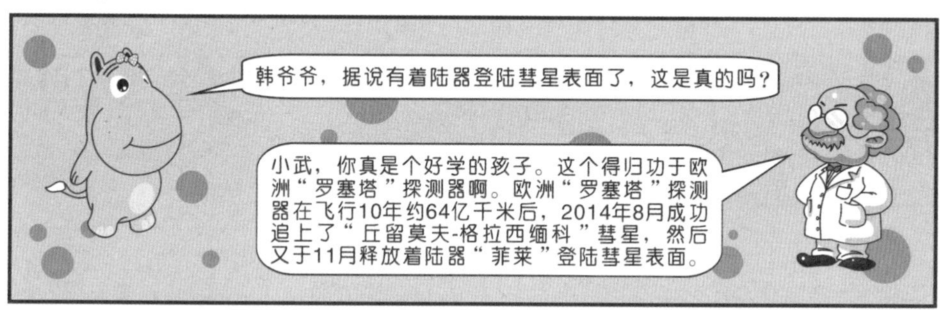
韩爷爷，据说有着陆器登陆彗星表面了，这是真的吗？
小武，你真是个好学的孩子。这个得归功于欧洲“罗塞塔”探测器啊。欧洲“罗塞塔”探测器在飞行10年约64亿千米后，2014年8月成功追上了“丘留莫夫-格拉西缅科”彗星，然后又于11月释放着陆器“菲莱”登陆彗星表面。

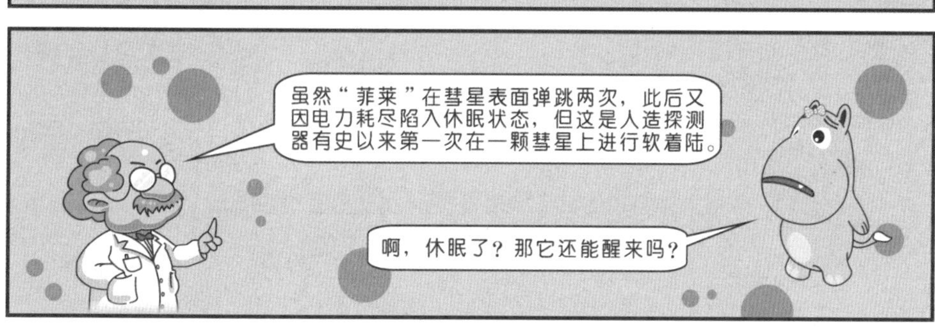
虽然“菲莱”在彗星表面弹跳两次，此后又因电力耗尽陷入休眠状态，但这是人造探测器有史以来第一次在一颗彗星上进行软着陆。
啊，休眠了？那它还能醒来吗？

它仍有希望醒来，并发回更多数据。你看下面就是科学家捕捉到的瞬间。
要是能醒来就太好了，能为人类的天文研究提供好多有价值的信息呢！

16 行星搜寻新成就

小武，韩爷爷这次给你讲讲行星搜寻方面的新成就。
科学家们又找到新的行星了吗？

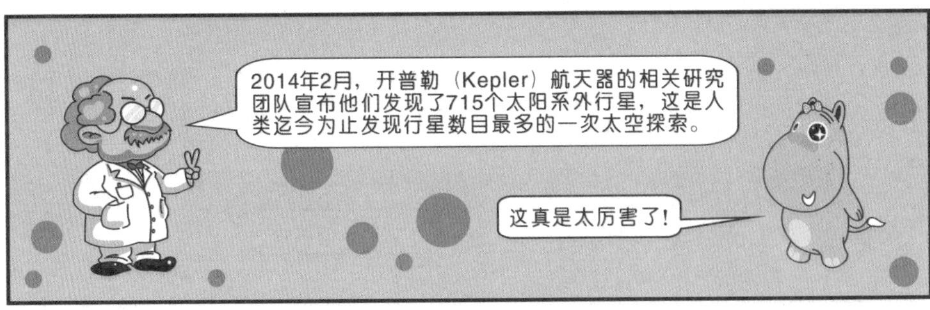
2014年2月，开普勒（Kepler）航天器的相关研究团队宣布他们发现了715个太阳系外行星，这是人类迄今为止发现行星数目最多的一次太空探索。
这真是太厉害了！

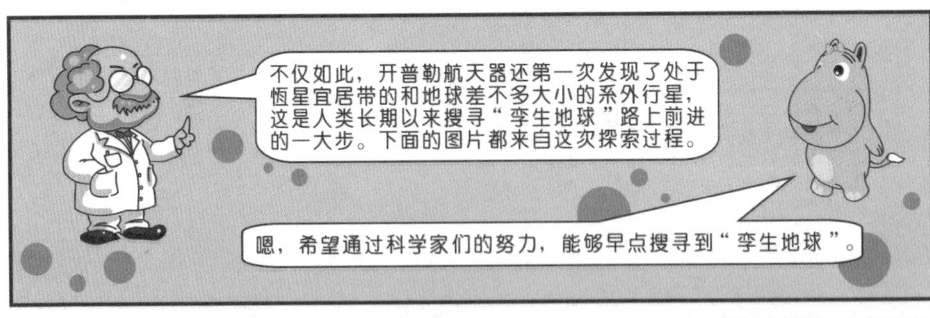
不仅如此，开普勒航天器还第一次发现了处于恒星宜居带的和地球差不多大小的系外行星，这是人类长期以来搜寻“孪生地球”路上前进的一大步。下面的图片都来自这次探索过程。
嗯，希望通过科学家们的努力，能够早点搜寻到“孪生地球”。

旅行者1号进入星际空间

小武，你知道人类历史上第一个进入星际空间的太空探测器是什么吗？
我想想……好像是“旅行者1号”？

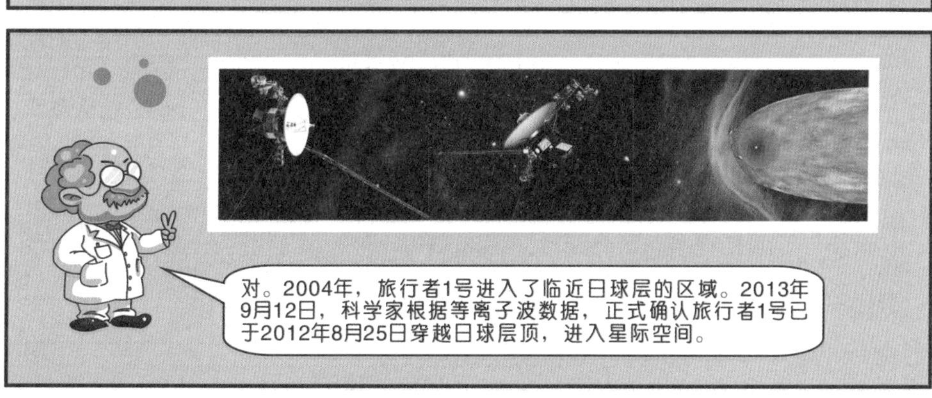
对。2004年，旅行者1号进入了临近日球层的区域。2013年9月12日，科学家根据等离子波数据，正式确认旅行者1号已于2012年8月25日穿越日球层顶，进入星际空间。

那旅行者1号现在距离我们有多远了呀？
经过36年的空间旅程，“旅行者1号”如今距离地球约127个天文单位，约合190亿千米。

哇，真远啊，它是目前距离地球最遥远的人造物体吧？
是的。那可是人造探测器从未到过的地方，它所提供的数据对于科学家了解星际空间和星际介质具有开创性意义。

18 首座超深水钻井平台在上海交付

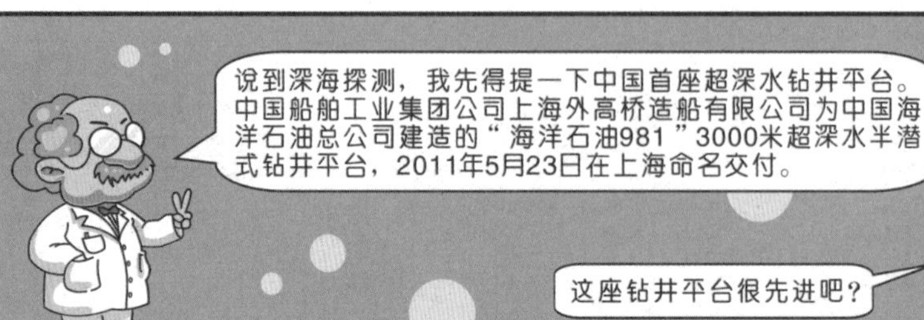
说到深海探测，我先得提一下中国首座超深水钻井平台。中国船舶工业集团公司上海外高桥造船有限公司为中国海洋石油总公司建造的“海洋石油981”3000米超深水半潜式钻井平台，2011年5月23日在上海命名交付。

这座钻井平台很先进吧？

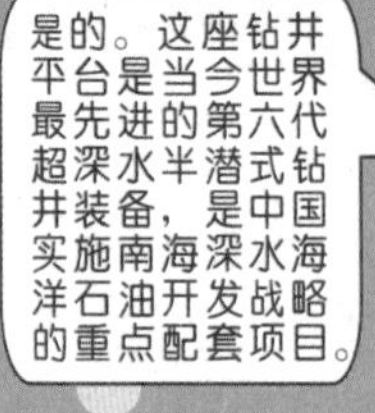
是的。这座钻井平台是当今世界最先进的第六代超深水半潜式钻井装备，是中国实施南海深水海洋石油开发战略的重点配套项目。

它的主要用途是什么呢？

该钻井平台投资额60亿元，将用于南海深水油田的勘探钻井、生产钻井、完井和修井作业，最大作业水深3000米，最大钻井深度12000米，总长约114米，宽90米，高137.8米。

哇——这么厉害啊！

还不止呢，平台还配置了目前世界上最先进的DP3动力定位系统和卫星导航系统。DP3是国际海事组织的最高动力定位级别，可依靠自身的自控系统和卫星定位，自动测定风向等海况，将船稳稳停泊在作业点。

19 海洋观测

韩爷爷，听说许多国家都在进行海洋观测呢。
是啊。2015年，就有两艘新的美国研究船只正在全速前进。

那分别是哪两艘船只啊？
2015年，美国国家科学基金会在北极地区正式服役Sikuliaq号；伍兹霍尔海洋研究所的尼尔·阿姆斯特朗号也要开始科学考察。美国推动的实时海洋观测项目也在同年5月底完成。

那其他国家怎么样呢？
同一年，德国也有一艘新的科考船下水，其名称仍与前辈一致：太阳号。日本重启南极海域的“科学”捕鲸活动。

Sikuliaq号
尼尔·阿姆斯特朗号
太阳号

 4500米级深海遥控作业型潜水器海试成功

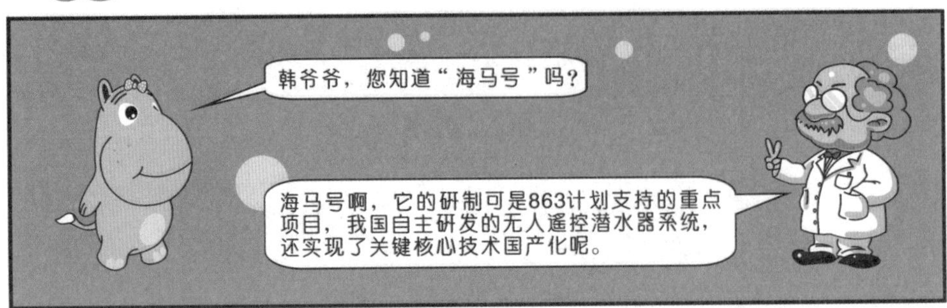
韩爷爷，您知道“海马号”吗？
海马号啊，它的研制可是863计划支持的重点项目，我国自主研发的无人遥控潜水器系统，还实现了关键核心技术国产化呢。

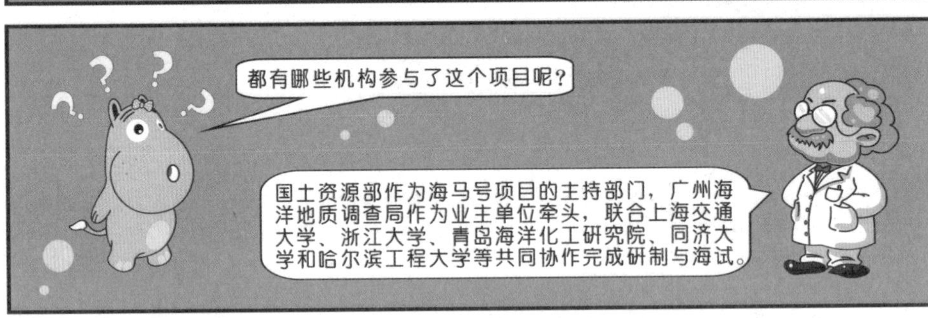
都有哪些机构参与了这个项目呢？
国土资源部作为海马号项目的主持部门，广州海洋地质调查局作为业主单位牵头，联合上海交通大学、浙江大学、青岛海洋化工研究院、同济大学和哈尔滨工程大学等共同协作完成研制与海试。

海马号的海试结果如何呢？
在南海进行的三个阶段的海试中，海马号共完成17次下潜，3次到达南海中央海盆底部进行作业试验，最大下潜深度4502米，完成91项技术指标的现场考核，并通过专家组验收。

那一次海试的成功就标志着我国掌握了大深度无人遥控潜水器的关键技术了，你看右图就是海马号。

21 蛟龙号下潜突破7000米

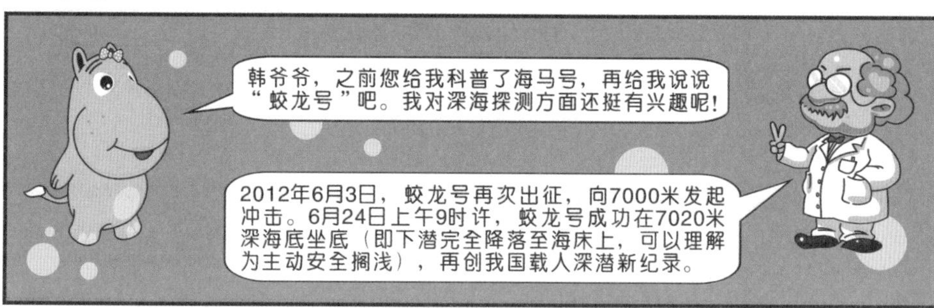
韩爷爷，之前您给我科普了海马号，再给我说说“蛟龙号”吧。我对深海探测方面还挺有兴趣呢！
2012年6月3日，蛟龙号再次出征，向7000米发起冲击。6月24日上午9时许，蛟龙号成功在7020米深海底坐底（即下潜完全降落至海床上，可以理解为主动安全搁浅），再创我国载人深潜新纪录。

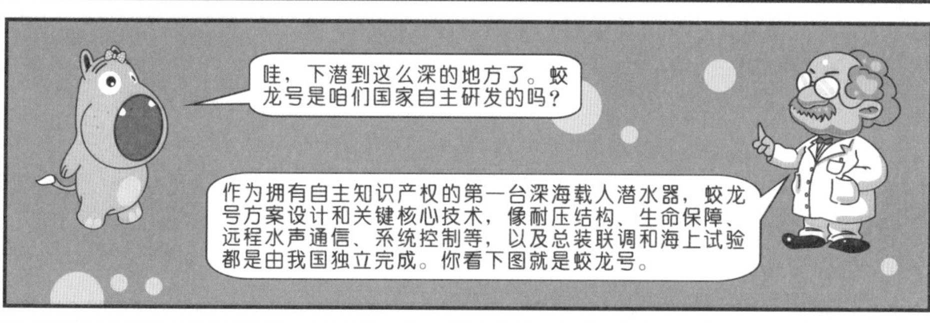
哇，下潜到这么深的地方了。蛟龙号是咱们国家自主研发的吗？
作为拥有自主知识产权的第一台深海载人潜水器，蛟龙号方案设计和关键核心技术，像耐压结构、生命保障、远程水声通信、系统控制等，以及总装联调和海上试验都是由我国独立完成。你看下图就是蛟龙号。

蛟龙号下潜突破7000米的成果具有重大意义吧？

是的。蛟龙号7000米的重大突破，标志着我国具备载人到达全球99.8%以上海洋深处进行作业的能力，体现了我国在深海技术领域的重大进步。
深海世界一定非常神秘，长大了我也想去深海考察！

第四章

坐地日行八万里　巡天遥看一千河

1 首套30米分辨率全球地表覆盖遥感制图数据集

小武，首套30米分辨率全球地表覆盖遥感制图数据集成功研制并捐赠联合国，这个消息你听说过吗？
这个数据集是什么？韩爷爷，快跟我说说。

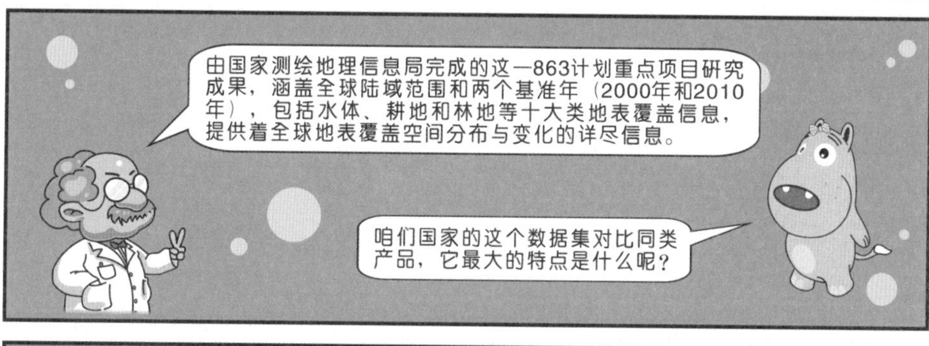
由国家测绘地理信息局完成的这一863计划重点项目研究成果，涵盖全球陆域范围和两个基准年（2000年和2010年），包括水体、耕地和林地等十大类地表覆盖信息，提供着全球地表覆盖空间分布与变化的详尽信息。
咱们国家的这个数据集对比同类产品，它最大的特点是什么呢？

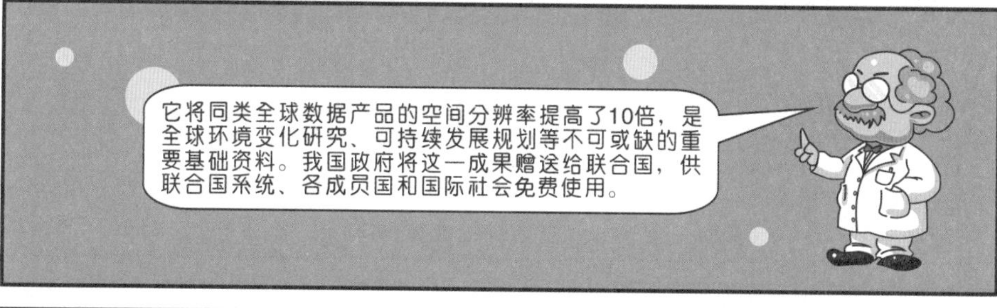
它将同类全球数据产品的空间分辨率提高了10倍，是全球环境变化研究、可持续发展规划等不可或缺的重要基础资料。我国政府将这一成果赠送给联合国，供联合国系统、各成员国和国际社会免费使用。

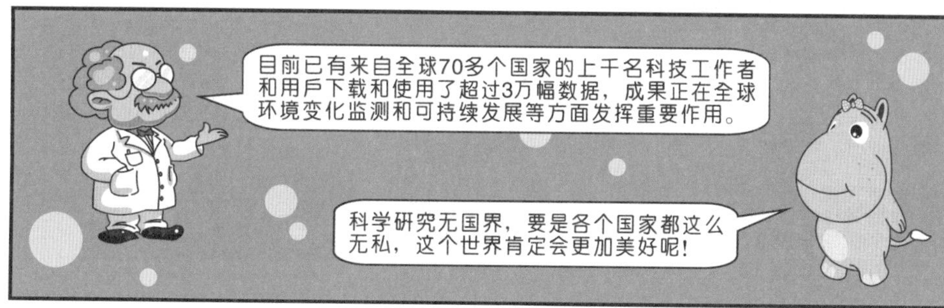
目前已有来自全球70多个国家的上千名科技工作者和用户下载和使用了超过3万幅数据，成果正在全球环境变化监测和可持续发展等方面发挥重要作用。
科学研究无国界，要是各个国家都这么无私，这个世界肯定会更加美好呢！

2 深部探测专项开启地学新时代

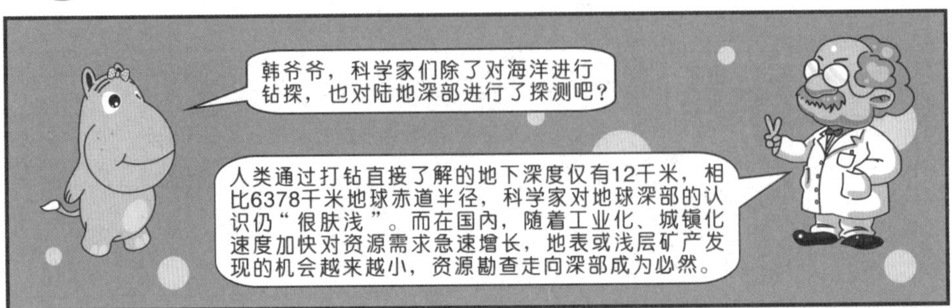
韩爷爷，科学家们除了对海洋进行钻探，也对陆地深部进行了探测吧？
人类通过打钻直接了解的地下深度仅有12千米，相比6378千米地球赤道半径，科学家对地球深部的认识仍“很肤浅”。而在国内，随着工业化、城镇化速度加快对资源需求急速增长，地表或浅层矿产发现的机会越来越小，资源勘查走向深部成为必然。

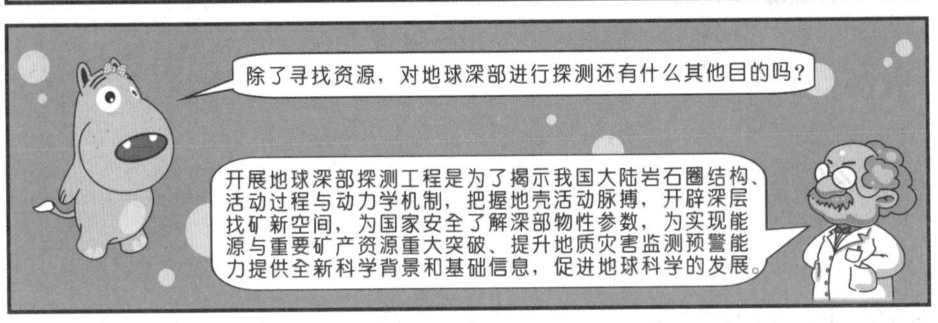
除了寻找资源，对地球深部进行探测还有什么其他目的吗？
开展地球深部探测工程是为了揭示我国大陆岩石圈结构、活动过程与动力学机制，把握地壳活动脉搏，开辟深层找矿新空间，为国家安全了解深部物性参数，为实现能源与重要矿产资源重大突破、提升地质灾害监测预警能力提供全新科学背景和基础信息，促进地球科学的发展。

这项工程肯定非常浩大，都有多少人参与其中呢？目前取得了哪些成果呢？
该专项工程集中了国内118个机构、1000多位科学家和技术专家联合攻关，取得了一系列重大发现。

例如实现覆盖大陆的大地电磁探测阵列网；初步建立起适应中国大陆地质地貌条件的深部精细结构探测技术体系，并按照国际标准建立了一个覆盖全国的地球化学基准网，在国际上首次建立了一套81个指标（含78种元素）的地壳全元素精确分析系统；自主研发和生产了1万米超深科学钻探装备。你看右图就是钻探设备的远景图。

3 探索南极冰下世界

小武，今天给你说说探索南极冰下世界的故事。
那一定很神秘，韩爷爷快讲给我听。

目前，很多国家都在努力研究南极冰下世界。2012年2月，俄罗斯科学家经过多年努力后，终于钻透南极东部约4000米厚的冰层，抵达了神秘的冰下湖泊——东方湖。俄罗斯也由此成为世界上首个接触到冰川下湖泊的国家。这个团队带回湖面的冰层样本，希冀发现湖中的生物迹象，了解生命如何在极端环境下生存。右图就是东方湖了。

哇，这么厚的冰层下面还有湖呀！

是啊。美国和英国科学团队也计划对东方湖展开探索。随着美国海洋观测计划的巨大水下监测网络第一部分的完成，数据将开始源源不断地产生，这项计划将监控水下地震和气候变化对大洋环流的影响，以及生态系统和海洋化学转换的所有情况。所有这一切都来自于从空中到海底的分布在全球的7个站点。

不知道有没有新物种被发现呢？

哈哈，其间，英国、美国和俄罗斯的研究团队也是希望能够找到是什么样的生物（如果真有的话）存在于南极冰川下深深的湖泊中。

北极海冰研究

韩爷爷，我上网看到北极海冰面积越来越小呢，您看这个图片。

是的。随着全球气候变暖，对北极海冰面积萎缩长期后果的研究也日渐升温。
那科学家们做了哪些研究呢？

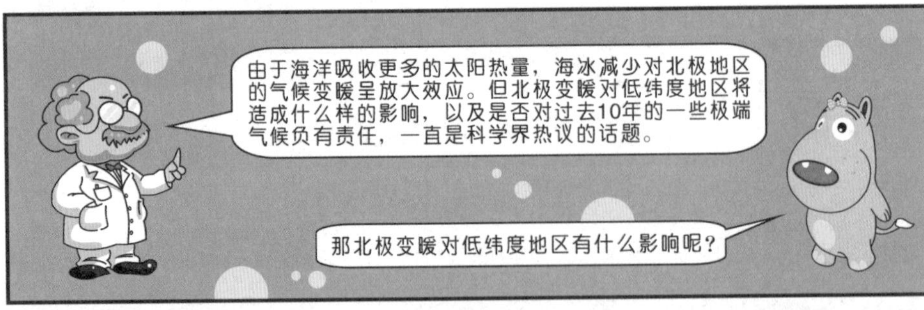
由于海洋吸收更多的太阳热量，海冰减少对北极地区的气候变暖呈放大效应。但北极变暖对低纬度地区将造成什么样的影响，以及是否对过去10年的一些极端气候负有责任，一直是科学界热议的话题。
那北极变暖对低纬度地区有什么影响呢？

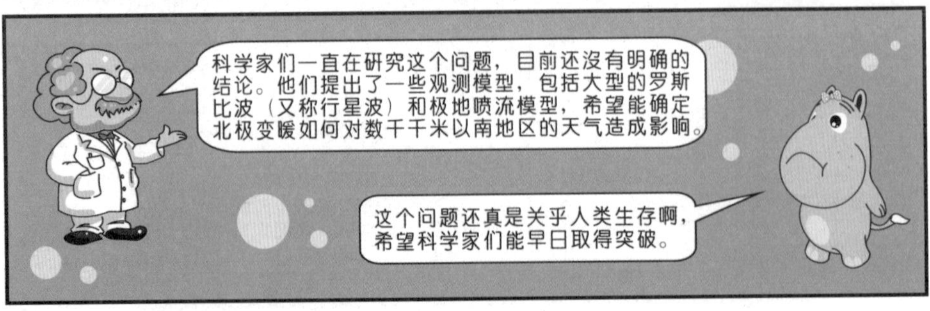
科学家们一直在研究这个问题，目前还没有明确的结论。他们提出了一些观测模型，包括大型的罗斯比波（又称行星波）和极地喷流模型，希望能确定北极变暖如何对数千千米以南地区的天气造成影响。
这个问题还真是关乎人类生存啊，希望科学家们能早日取得突破。

5 绘制最详尽海底地图

世界地图
哇，这世界地图好详尽喔！
小武，你知道吗，还有海底地图呢！多国科学家利用欧美民用卫星数据，制作出历来最详尽海底地图，令两万座位处深海的神秘山峰曝光，一些深海海沟面貌也可呈现人前。

啊，海底地图也能绘制啊！那海底地图能运用在哪些方面呢？
专家指出，新海图有助于军事、能源开发及地质考古等方面的应用。你看下面一组海底地图。

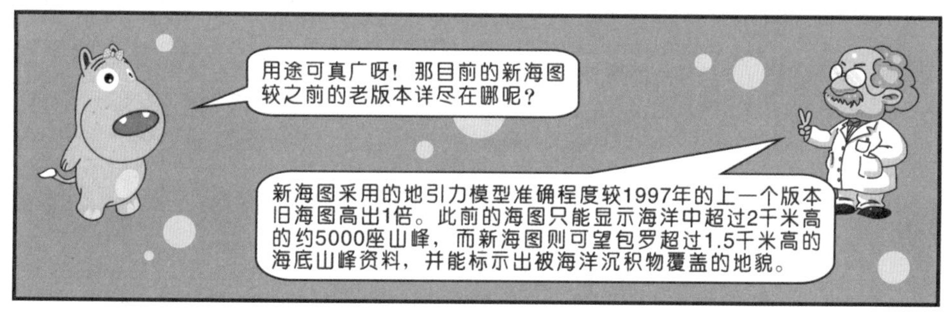
用途可真广呀！那目前的新海图较之前的老版本详尽在哪呢？
新海图采用的地引力模型准确程度较1997年的上一个版本旧海图高出1倍。此前的海图只能显示海洋中超过2千米高的约5000座山峰，而新海图则可望包罗超过1.5千米高的海底山峰资料，并能标示出被海洋沉积物覆盖的地貌。

6 算出世界最精确万有引力常数

华中科技大学喻家山人防工程中，潮湿阴冷、幽暗深邃，但在这里却诞生了一座世界知名的引力实验室。
韩爷爷，您说的这个山洞我知道。罗俊院士团队就是在这里算出世界最精确万有引力常数的。

不错。中国科学院院士罗俊，带领团队三十年如一日，开展引力精密测量研究。他们取得的万有引力常数值，是国际上精度优于百万分之五十的七个结果之一；其引力实验室也被外国专家称为“世界的引力中心”。

我知道，万有引力常数G是人类最早认识和测量的物理学基本常数，也是迄今为止测量精度最差的常数，因此备受各国科学家关注。
小武说得没错。2009年罗俊院士团队将测量精度提高到百万分之二十六，是采用扭秤周期法测得的最高精度万有引力常数。这一结果被国际科技数据委员会推荐的CODATA值所收录，并以华中科技大学英文缩写HUST命名。

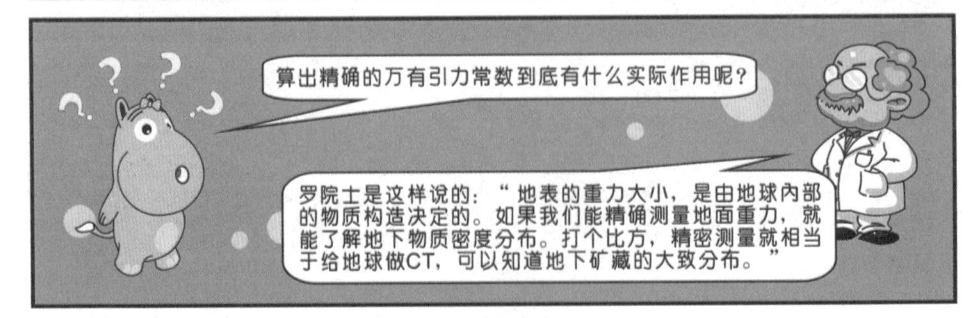
算出精确的万有引力常数到底有什么实际作用呢？
罗院士是这样说的：“地表的重力大小，是由地球内部的物质构造决定的。如果我们能精确测量地面重力，就能了解地下物质密度分布。打个比方，精密测量就相当于给地球做CT，可以知道地下矿藏的大致分布。”

从恐龙到鸟的转变

韩爷爷，最近大家都在谈论“从恐龙到鸟的转变”，恐龙还能转变成鸟吗？
那我就来给你说说。一支国际科学家小组对数千个恐龙和早期鸟类化石进行了分析，而后将它们与现代鸟类的骨骼进行比较。
鸟化石
比较的结果怎么样呢？
通过这项研究，他们得以了解确定的爬行动物如何进化成体型小重量轻并且能够飞行的鸟类。这项研究告诉我们在鸟类出现前羽毛就已经进化到很先进的程度。除了帮助鸟翼类恐龙保持体温外，飞行还用于向异性炫耀，甚至帮助它们保持平衡。

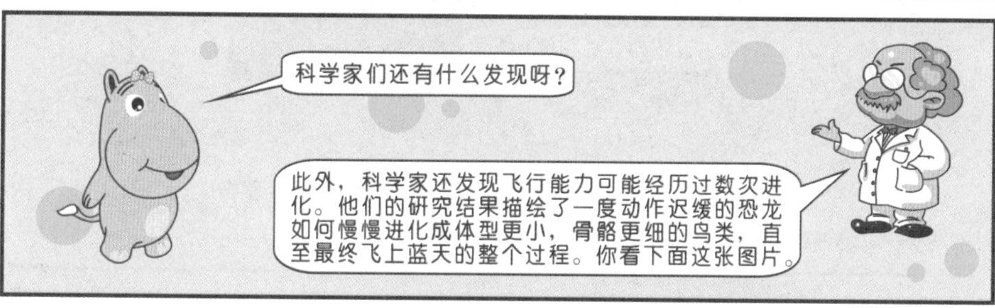
科学家们还有什么发现呀？
此外，科学家还发现飞行能力可能经历过数次进化。他们的研究结果描绘了一度动作迟缓的恐龙如何慢慢进化成体型更小，骨骼更细的鸟类，直至最终飞上蓝天的整个过程。你看下面这张图片。

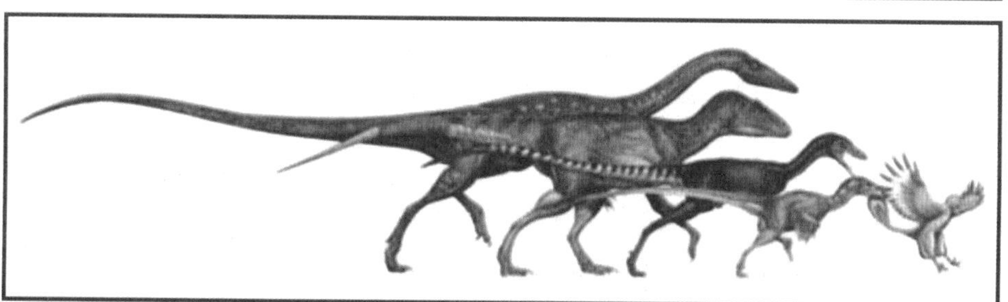

8 俄罗斯陨石事件

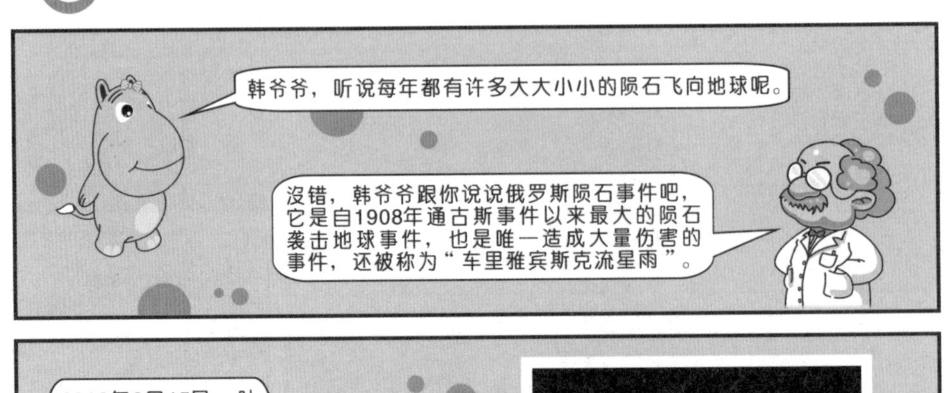
韩爷爷，听说每年都有许多大大小小的陨石飞向地球呢。
没错，韩爷爷跟你说说俄罗斯陨石事件吧，它是自1908年通古斯事件以来最大的陨石袭击地球事件，也是唯一造成大量伤害的事件，还被称为“车里雅宾斯克流星雨”。

2013年2月15日，叶卡捷琳堡时间上午9时15分，一颗直径达17～20米的陨石闯入俄罗斯车里雅宾斯克上空，发生了强烈爆炸，爆炸当量为40万～60万吨TNT炸药。

啊，破坏力这么强啊！

它的主要碎片落入车巴库尔湖，将这个湖上的冰层撞击出一个直径6米的洞呢。爆炸还震碎很多当地家庭的窗户，导致1400多人受伤。

啊，这太可怕了！人类必须得想办法避免和降低这种事件带来的伤害才行啊！

是的。该事件证明了地球容易受到陨石袭击，人类世界有必要建立一个应对系统，用于在未来类似事件中保护地球。

9 ISON彗星的光辉

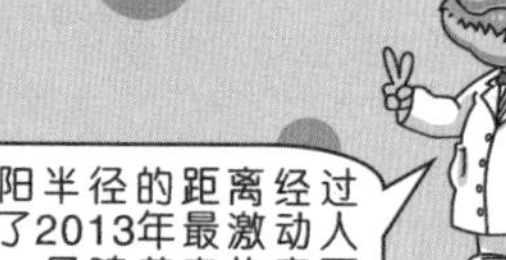
韩爷爷，据说ISON彗星近距离掠过太阳了，这是真的吗？
是啊，ISON彗星在2013年11月以2倍太阳半径的距离经过太阳，成为一颗掠日天体，为人们献上了2013年最激动人心的图像——这颗彗星近距离掠过太阳，且随着它的表面在太空中不断汽化，看起来比一轮满月还要亮。你看下图。

同样壮观的还有普朗克空间望远镜带来的自宇宙大爆炸以来昏暗的微波余晖图谱，它甚至能揭示在宇宙“膨胀”最初期所产生的引力波造成的涟漪。

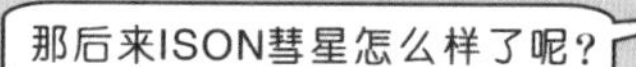
那后来ISON彗星怎么样了呢？

ISON彗星在抵近太阳系內侧轨道的过程中核心物质可能出现了解体，体积逐渐减小，在近日点炙热的温度和辐射作用下，彗星ISON没能“熬过”关键的旅程，该彗星只剩一些残骸物质仍然处于运动之中，亮度变得非常暗。在2013年12月10日的美国地球物理联合会议上，公布了对该彗星的观测结果。
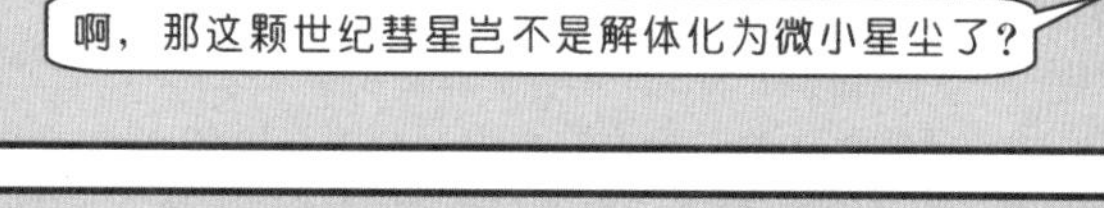
啊，那这颗世纪彗星岂不是解体化为微小星尘了？

但无可否认的是，ISON彗星的光辉依然会盖过月亮，它在刚被发现时（远在木星轨道之外）就已经达到20等左右的亮度，说明这是一个相当少见的“大家伙”；而国际小行星中心的自动化程序显示其最大亮度将可达到－14等，超过满月（－12.74等）的亮度。

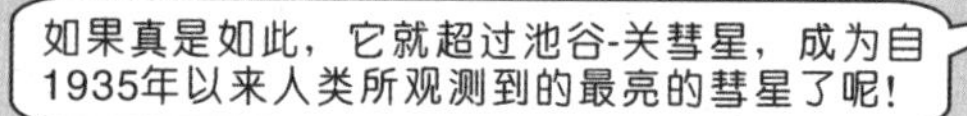
如果真是如此，它就超过池谷-关彗星，成为自1935年以来人类所观测到的最亮的彗星了呢！

10 彗星走了，矮行星来了

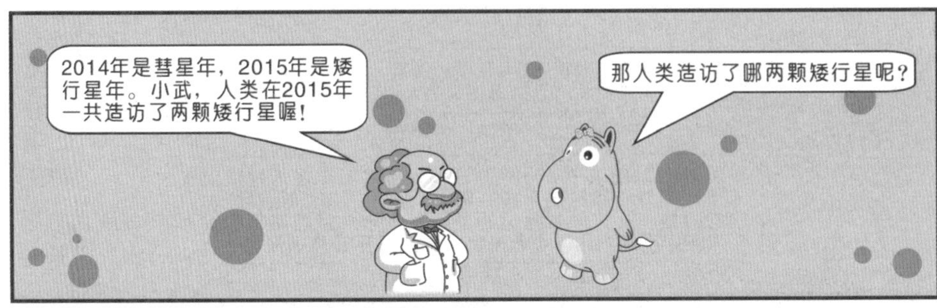
2014年是彗星年，2015年是矮行星年。小武，人类在2015年一共造访了两颗矮行星喔！
那人类造访了哪两颗矮行星呢？

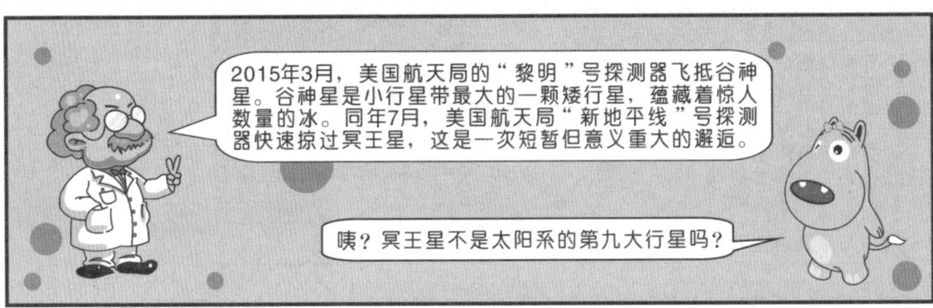
2015年3月，美国航天局的“黎明”号探测器飞抵谷神星。谷神星是小行星带最大的一颗矮行星，蕴藏着惊人数量的冰。同年7月，美国航天局“新地平线”号探测器快速掠过冥王星，这是一次短暂但意义重大的邂逅。
咦？冥王星不是太阳系的第九大行星吗？

哈哈，早在2006年，国际天文学联合会就把谷神星从小行星升级成矮行星，而把冥王星从太阳系第九大行星降级成矮行星啦。
原来是这样啊，谷神星和冥王星都是冰态行星吧？

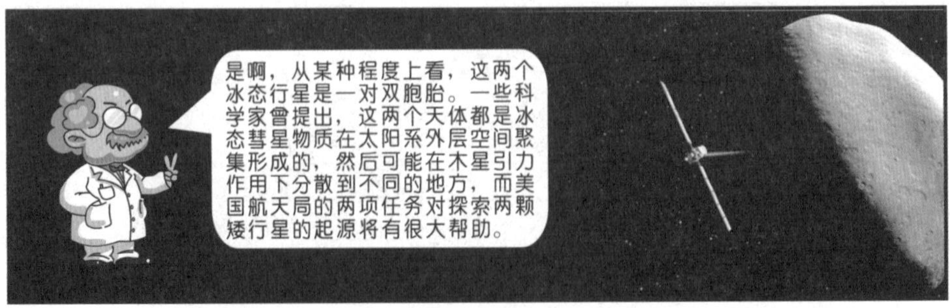
是啊，从某种程度上看，这两个冰态行星是一对双胞胎。一些科学家曾提出，这两个天体都是冰态彗星物质在太阳系外层空间聚集形成的，然后可能在木星引力作用下分散到不同的地方，而美国航天局的两项任务对探索两颗矮行星的起源将有很大帮助。

11 宇宙射线的来源

韩爷爷，宇宙射线的来源是哪儿呢？
几十年来，物理学家认为，作为宇宙射线在太空穿行的高能质子和原子来自于恒星爆炸后的残骸，或者说超新星。现在，他们确定了这一结论。

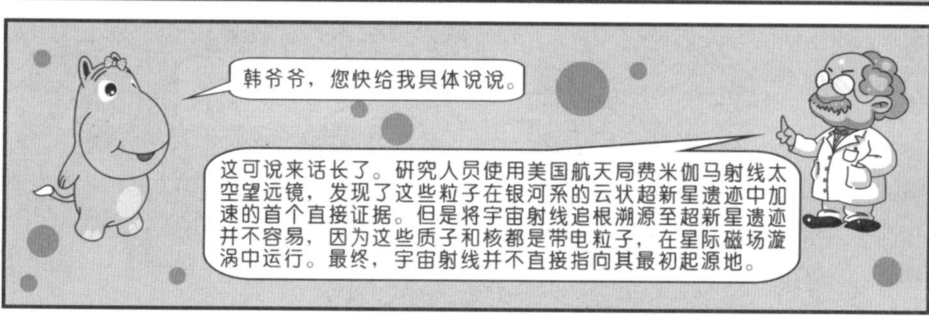
韩爷爷，您快给我具体说说。
这可说来话长了。研究人员使用美国航天局费米伽马射线太空望远镜，发现了这些粒子在银河系的云状超新星遗迹中加速的首个直接证据。但是将宇宙射线追根溯源至超新星遗迹并不容易，因为这些质子和核都是带电粒子，在星际磁场漩涡中运行。最终，宇宙射线并不直接指向其最初起源地。

费米望远镜团队不得不找到其他方法显示超新星遗迹对这些粒子进行了加速。如果质子在超新星遗迹中被加速，那么一些质子与质子对撞仍应该会发生。这种对撞会进而产生被称作pi-zero介子的短暂存在的粒子，很快衰变成一对高能质子。这种pi-zero衰变应该会使来自超新星遗迹的能量谱出现高峰波动。

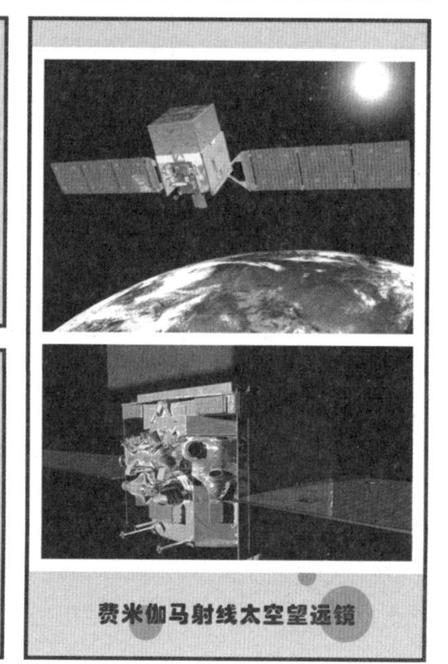
费米伽马射线太空望远镜

在搜集了5年数据后，费米的研究人员在两个超新星遗迹中发现了质子加速的信号。其他研究曾经发现过该信号，但是费米望远镜的实验是首次清晰的观测。天体物理学家仍不清楚粒子与磁场相互作用的很多细节，而且他们怀疑最高能量的宇宙射线来自银河系之外。不过，超新星遗迹的确喷涌出宇宙射线却毫无疑问。

12 时空中的波

小武，前面我们提到了引力波，那你知道时空中的波吗？
您说的是时空涟漪吧？

对，搜寻时空涟漪有了更好的工具呢。
那是什么工具？韩爷爷，快跟我说说。

2014年底，位于华盛顿州里奇兰市与路易斯安那州利文斯顿市的激光干涉仪重力波天文台（LIGO）探测器进行了一次重要的升级，从而提高其灵敏度。经过20年的尝试，LIGO团队希望能够瞥见阿尔伯特·爱因斯坦在近一个世纪前预言的波。小武，你看下面这张图。
那他们开始行动了吗？
2015年秋季，欧空局激光干涉仪空间天线（LISA）探路者开始测试类似的波搜寻技术，该设备计划于2034年发射升空。
这样子的话，人类探索太空又前进了一大步呢！

13 最新研究成果显示暗物质可能存在

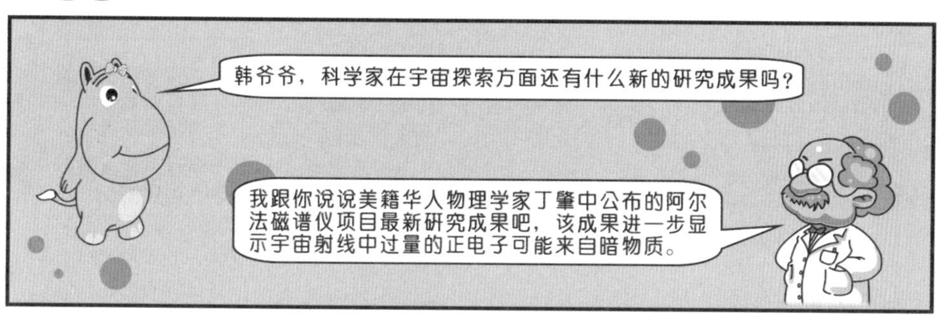
韩爷爷，科学家在宇宙探索方面还有什么新的研究成果吗？
我跟你说说美籍华人物理学家丁肇中公布的阿尔法磁谱仪项目最新研究成果吧，该成果进一步显示宇宙射线中过量的正电子可能来自暗物质。

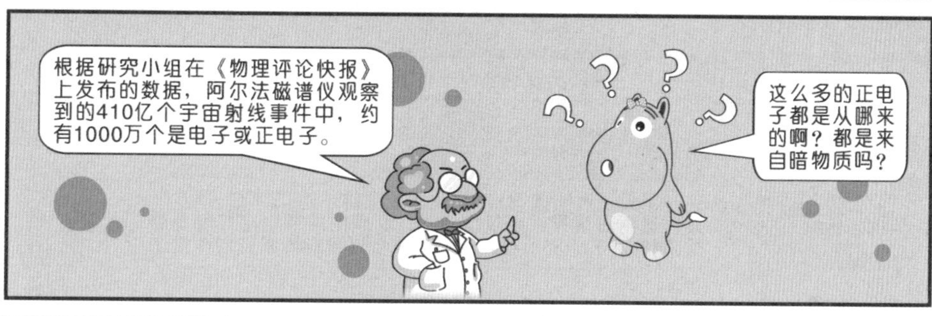
根据研究小组在《物理评论快报》上发布的数据，阿尔法磁谱仪观察到的410亿个宇宙射线事件中，约有1000万个是电子或正电子。
这么多的正电子都是从哪来的啊？都是来自暗物质吗？

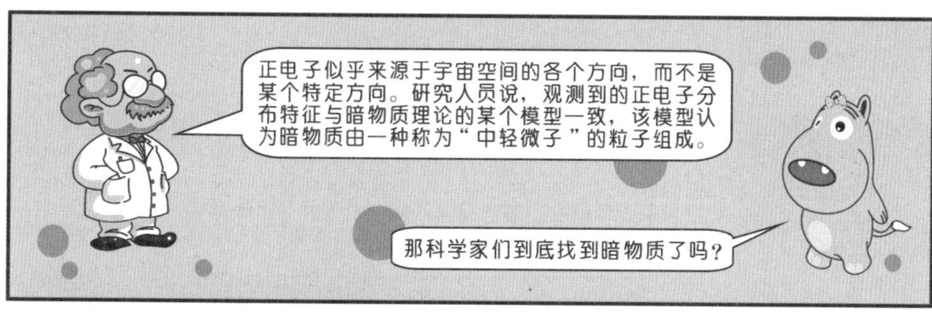
正电子似乎来源于宇宙空间的各个方向，而不是某个特定方向。研究人员说，观测到的正电子分布特征与暗物质理论的某个模型一致，该模型认为暗物质由一种称为“中轻微子”的粒子组成。
那科学家们到底找到暗物质了吗？

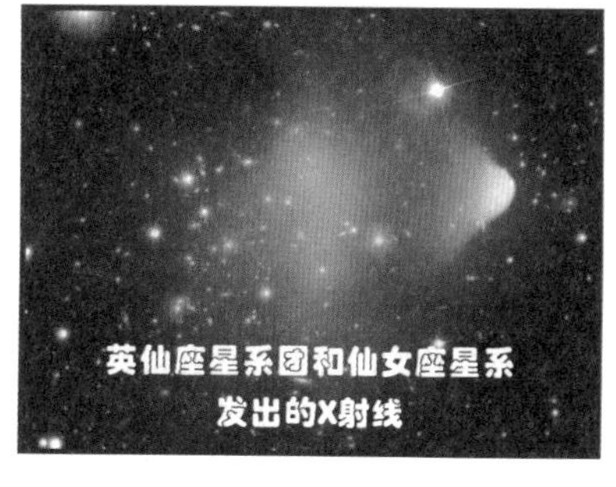
英仙座星系团和仙女座星系发出的X射线

瑞士洛桑联邦理工学院粒子物理和宇宙学系的奥列格·瑞查尔斯基和阿列克谢·波雅尔斯基带领的科研团队称，他们通过分析英仙座星系团和仙女座星系发出的X射线，可能发现了被科学家苦苦追寻的暗物质的信号。

14 发现质量是太阳170亿倍的黑洞

韩爷爷，黑洞的质量究竟能有多大呢？
科学家们无法探知它的极限，但是霍比·埃伯利望远镜大质量星系调查项目的天文学家发现了可能是迄今质量最大的黑洞。

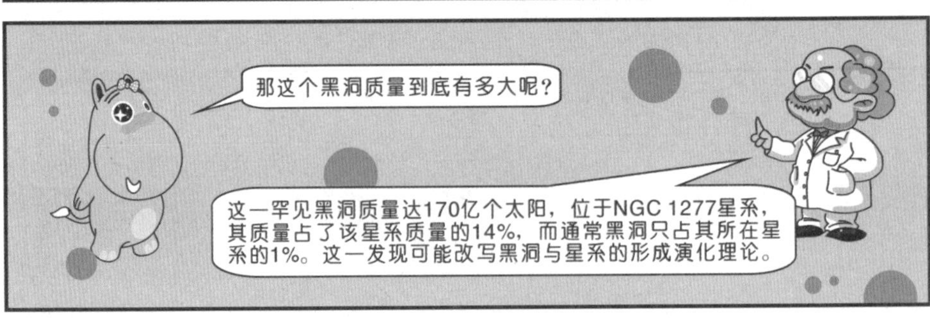
那这个黑洞质量到底有多大呢？
这一罕见黑洞质量达170亿个太阳，位于NGC 1277星系，其质量占了该星系质量的14%，而通常黑洞只占其所在星系的1%。这一发现可能改写黑洞与星系的形成演化理论。

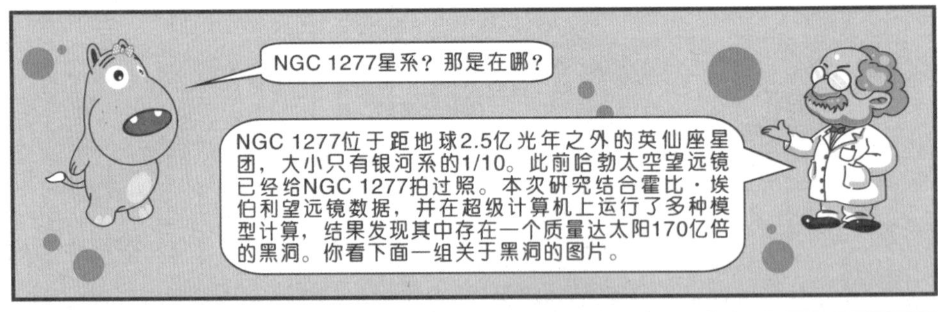
NGC 1277星系？那是在哪？
NGC 1277位于距地球2.5亿光年之外的英仙座星团，大小只有银河系的1/10。此前哈勃太空望远镜已经给NGC 1277拍过照。本次研究结合霍比·埃伯利望远镜数据，并在超级计算机上运行了多种模型计算，结果发现其中存在一个质量达太阳170亿倍的黑洞。你看下面一组关于黑洞的图片。

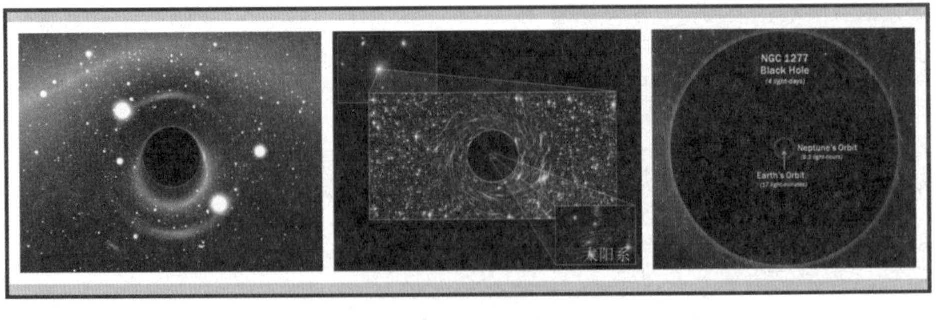
太阳系
NGC 1277
Black Hole
Neptune's Orbit
Earth's Orbit

15 “普朗克”探测微波背景辐射

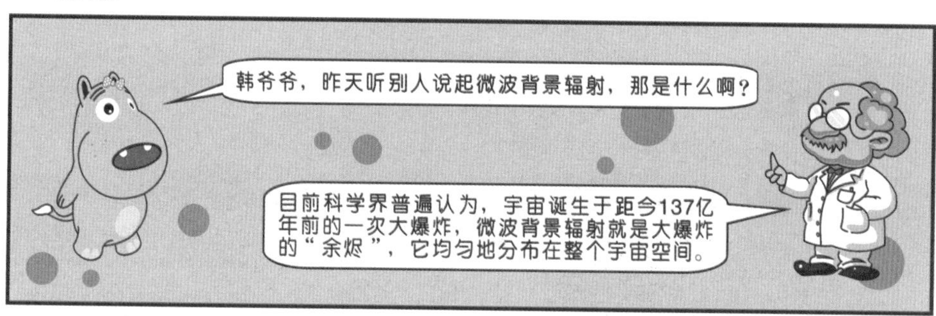
韩爷爷，昨天听别人说起微波背景辐射，那是什么啊？
目前科学界普遍认为，宇宙诞生于距今137亿年前的一次大爆炸，微波背景辐射就是大爆炸的“余烬”，它均匀地分布在整个宇宙空间。

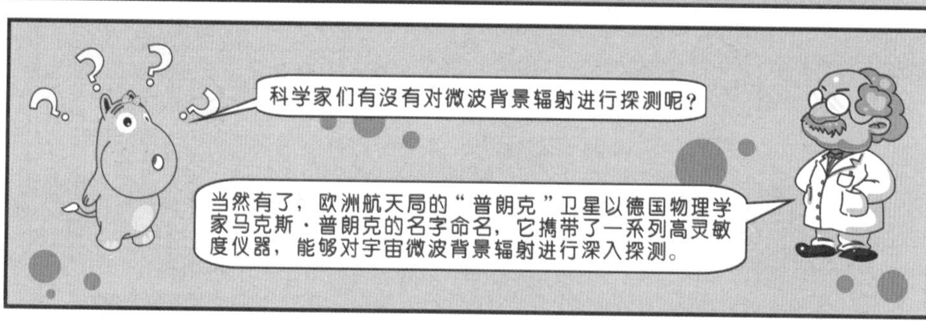
科学家们有没有对微波背景辐射进行探测呢？
当然有了，欧洲航天局的“普朗克”卫星以德国物理学家马克斯·普朗克的名字命名，它携带了一系列高灵敏度仪器，能够对宇宙微波背景辐射进行深入探测。

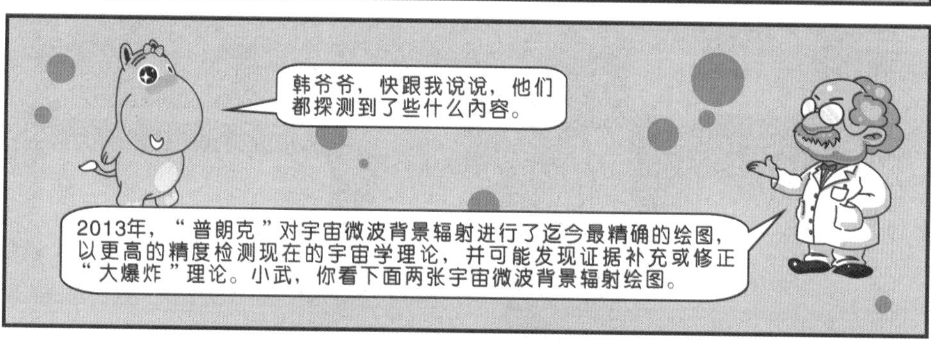
韩爷爷，快跟我说说，他们都探测到了些什么内容。
2013年，“普朗克”对宇宙微波背景辐射进行了迄今最精确的绘图，以更高的精度检测现在的宇宙学理论，并可能发现证据补充或修正“大爆炸”理论。小武，你看下面两张宇宙微波背景辐射绘图。

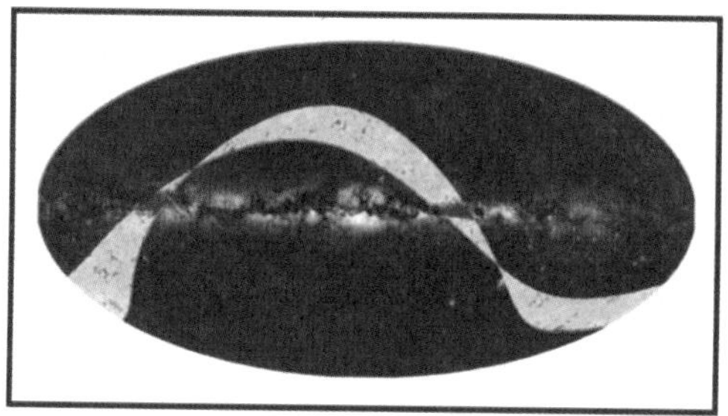

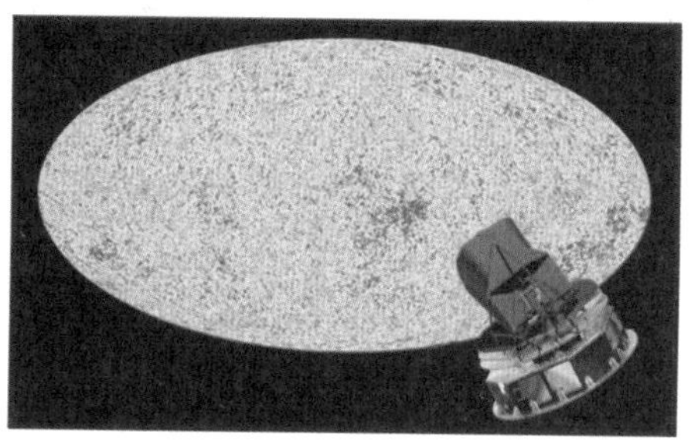

16 小尘埃大麻烦

韩爷爷，太空探索研究中还有什么有趣的发现吗？
你知道BICEP2（宇宙泛星系偏震背景成像）望远镜吗？
那是什么高级玩意儿？
你看，下面这张图就是BICEP2望远镜。2014年3月BICEP2望远镜大展拳脚。宇宙学家们宣称他们利用它探测到了可以直接支持宇宙大爆炸理论的引力波，大爆炸理论的支持者欢呼雀跃呢。但很快，有科学家质疑它探测到的引力波信号有可能是星际尘埃产生的噪音信号，引得学术界一片哗然。

哇，这就像一场学术“辩论”。
是啊。2014年9月，欧洲宇航局公布了“普朗克”卫星的观测数据，该数据支持星际尘埃的有关质疑，更是让BICEP2团队名誉扫地。

啊，那现在有定论了吗？
现在BICEP2和普朗克两个团队正在做联合分析，试图对引力波的真实性做一个最后结论。

 上海65米射电望远镜建成

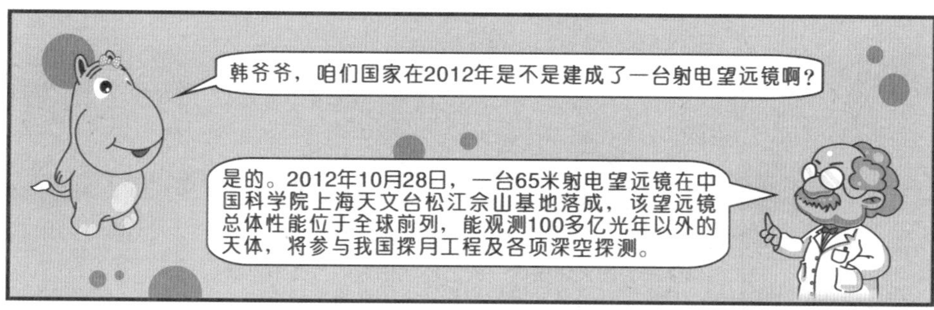
韩爷爷，咱们国家在2012年是不是建成了一台射电望远镜啊？
是的。2012年10月28日，一台65米射电望远镜在中国科学院上海天文台松江佘山基地落成，该望远镜总体性能位于全球前列，能观测100多亿光年以外的天体，将参与我国探月工程及各项深空探测。

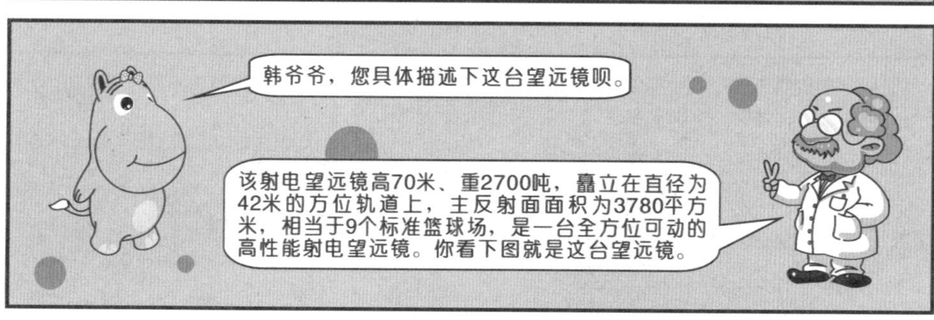
韩爷爷，您具体描述下这台望远镜呗。
该射电望远镜高70米、重2700吨，矗立在直径为42米的方位轨道上，主反射面面积为3780平方米，相当于9个标准篮球场，是一台全方位可动的高性能射电望远镜。你看下图就是这台望远镜。

那这台望远镜的波段也很全吧？

是的。它的工作波长从最长21厘米到最短7毫米共8个频段，涵盖了开展射电天文观测的厘米波波段和长毫米波波段。
难怪大家都说建设大型射电望远镜系统涉及多个技术领域，是一个国家科技实力的体现呢！

18 世界最大地面天文观测装置正式启用

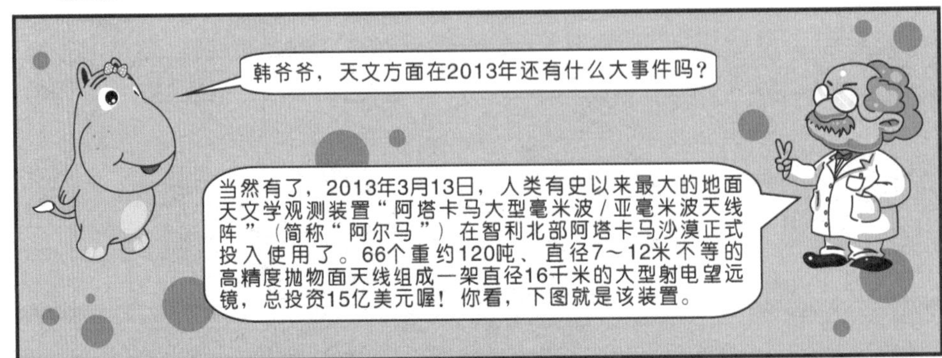
韩爷爷，天文方面在2013年还有什么大事件吗？
当然有了，2013年3月13日，人类有史以来最大的地面天文学观测装置“阿塔卡马大型毫米波/亚毫米波天线阵”（简称“阿尔马”）在智利北部阿塔卡马沙漠正式投入使用了。66个重约120吨、直径7～12米不等的高精度抛物面天线组成一架直径16千米的大型射电望远镜，总投资15亿美元喔！你看，下图就是该装置。

哇，这么大啊！那它的“视力”应该很好吧？
它的分辨率可达0.01角秒，相当于能看清500千米外的一分钱硬币，“视力”超出“哈勃”望远镜10倍呢！

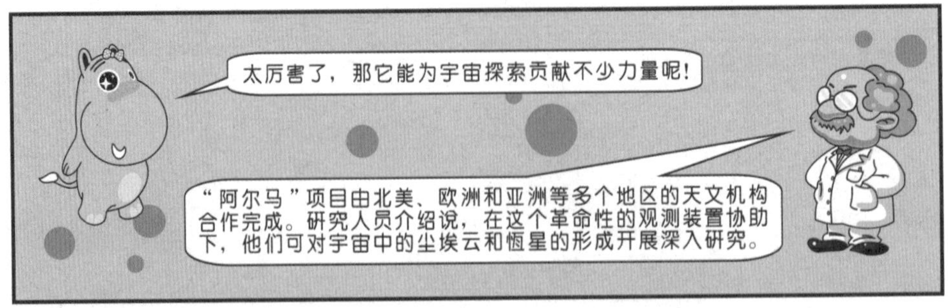
太厉害了，那它能为宇宙探索贡献不少力量呢！
“阿尔马”项目由北美、欧洲和亚洲等多个地区的天文机构合作完成。研究人员介绍说，在这个革命性的观测装置协助下，他们可对宇宙中的尘埃云和恒星的形成开展深入研究。

19 全球最大单口径球面射电望远镜建成

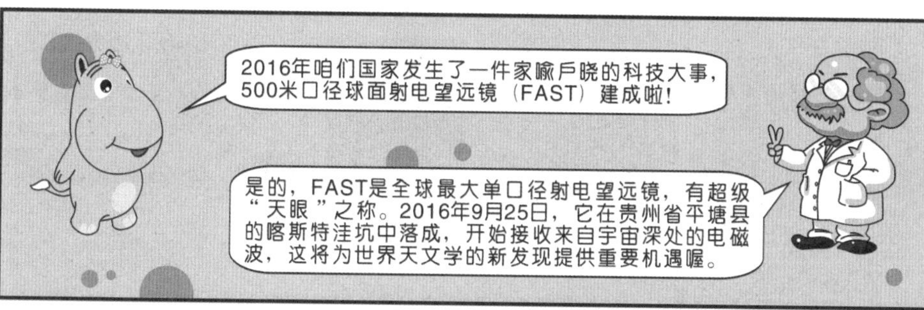
2016年咱们国家发生了一件家喻户晓的科技大事，500米口径球面射电望远镜（FAST）建成啦！
是的，FAST是全球最大单口径射电望远镜，有超级“天眼”之称。2016年9月25日，它在贵州省平塘县的喀斯特洼坑中落成，开始接收来自宇宙深处的电磁波，这将为世界天文学的新发现提供重要机遇喔。

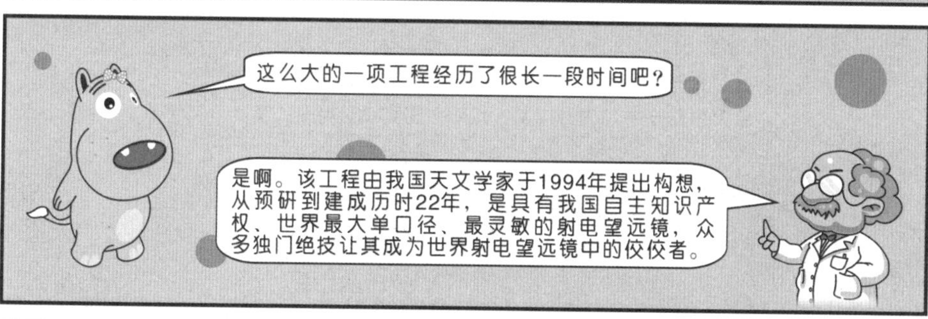
这么大的一项工程经历了很长一段时间吧？
是啊。该工程由我国天文学家于1994年提出构想，从预研到建成历时22年，是具有我国自主知识产权、世界最大单口径、最灵敏的射电望远镜，众多独门绝技让其成为世界射电望远镜中的佼佼者。

作为国家重大科技基础设施，“天眼”工程由主动反射面系统、馈源支撑系统、测量与控制系统、接收机与终端及观测基地等几大部分构成。主动反射面是由上万根钢索和4450个反射单元组成的球冠型索膜结构，其外形像一口巨大的锅，接收面积相当于30个标准足球场。

哇！这么大啊，那这只超级“天眼”能看到些什么呢？

借助这只巨大的“天眼”，科研人员可以窥探星际之间互动的信息，观测暗物质，测定黑洞质量，甚至搜寻可能存在的星外文明，将为世界天文学的新发现提供重要机遇。

北斗卫星导航系统的多个首创

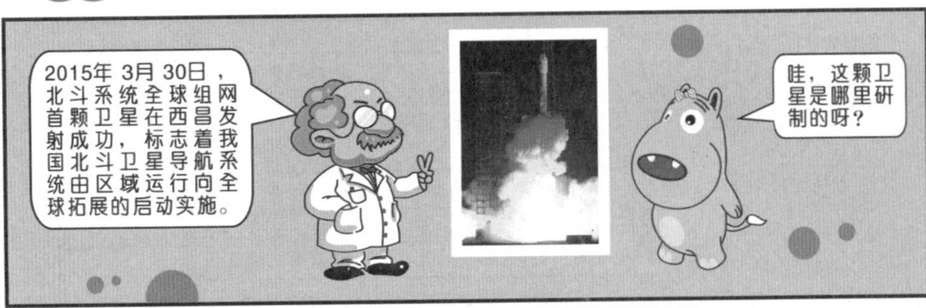
2015年 3月 30日，北斗系统全球组网首颗卫星在西昌发射成功，标志着我国北斗卫星导航系统由区域运行向全球拓展的启动实施。
哇，这颗卫星是哪里研制的呀？

这颗卫星由中科院和上海市政府共建的上海微小卫星工程中心研制，是我国首颗新一代北斗导航卫星，入轨后会开展新型导航信号体制、星间链路等试验验证工作。
这颗卫星有什么特别之处呢？

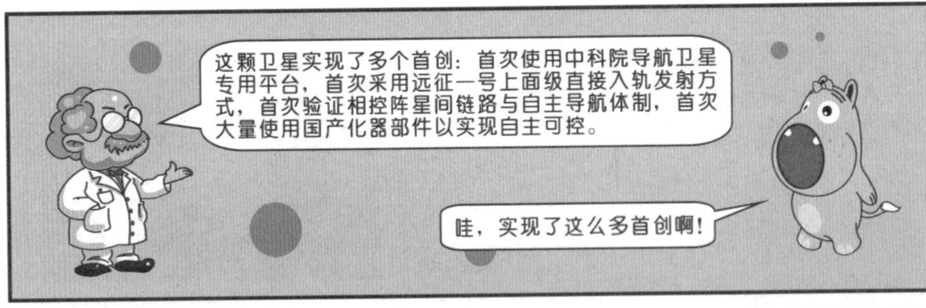
这颗卫星实现了多个首创：首次使用中科院导航卫星专用平台，首次采用远征一号上面级直接入轨发射方式，首次验证相控阵星间链路与自主导航体制，首次大量使用国产化器部件以实现自主可控。
哇，实现了这么多首创啊！

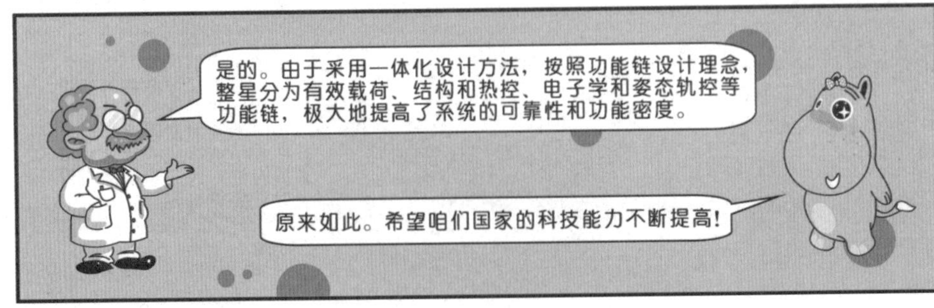
是的。由于采用一体化设计方法，按照功能链设计理念，整星分为有效载荷、结构和热控、电子学和姿态轨控等功能链，极大地提高了系统的可靠性和功能密度。
原来如此。希望咱们国家的科技能力不断提高！

第五章

丈夫何事足萦怀　要将宇宙看稊米

 “冰立方”俘获28个高能中微子

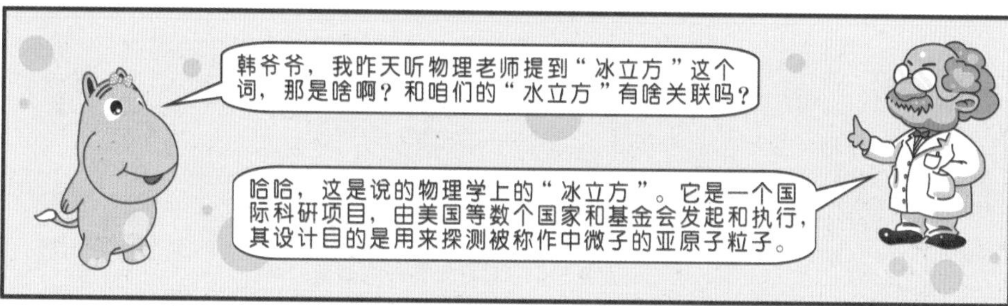
韩爷爷，我昨天听物理老师提到“冰立方”这个词，那是啥啊？和咱们的“水立方”有啥关联吗？
哈哈，这是说的物理学上的“冰立方”。它是一个国际科研项目，由美国等数个国家和基金会发起和执行，其设计目的是用来探测被称作中微子的亚原子粒子。

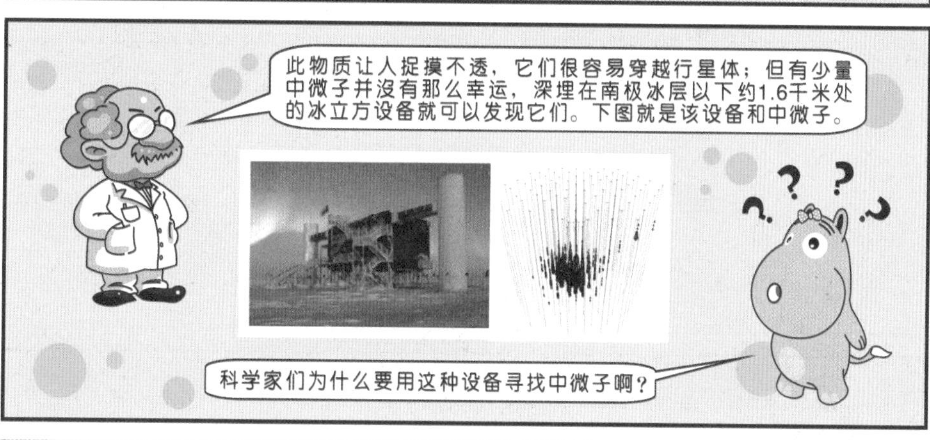
此物质让人捉摸不透，它们很容易穿越行星体；但有少量中微子并没有那么幸运，深埋在南极冰层以下约1.6千米处的冰立方设备就可以发现它们。下图就是该设备和中微子。
? ? ?
科学家们为什么要用这种设备寻找中微子啊？

一切都是为了更好地了解宇宙的奥秘。通过“冰立方”在2010年5月～2012年5月收集的数据，科学家确认捕获高能中微子28个，它们携带的能量都超过30万亿电子伏特，其特征与科学家预测的系外中微子相似，表明它们来自太阳系外。中微子是一种中性粒子，能从宇宙中某次剧烈爆发的中心射出，不受干扰地笔直划过宇宙。通过反向查找这些粒子的源头，科学家可得到各种宇宙事件的第一手资料。

这项发现真是太了不起了，能帮助我们了解神奇的宇宙呢！
是啊，在物理学家看来，太阳系外高能中微子的发现，标志着天文学的一个新时代开始了。

“幽灵粒子”研究取得重大突破

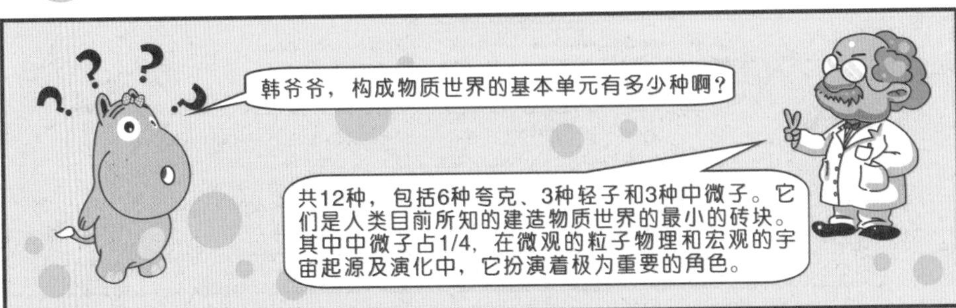

韩爷爷，构成物质世界的基本单元有多少种啊？
共12种，包括6种夸克、3种轻子和3种中微子。它们是人类目前所知的建造物质世界的最小的砖块。其中中微子占1/4，在微观的粒子物理和宏观的宇宙起源及演化中，它扮演着极为重要的角色。

中微子有什么特点呢？
与其他粒子相比，中微子不带电荷，没有大小，质量极轻，穿透力极強，能几乎不受阻碍地以光速穿越宇宙中的物质，且它与物质的相互作用十分微弱，号称宇宙中的“幽灵粒子”！相比之下，人们对它了解最晚也最少。

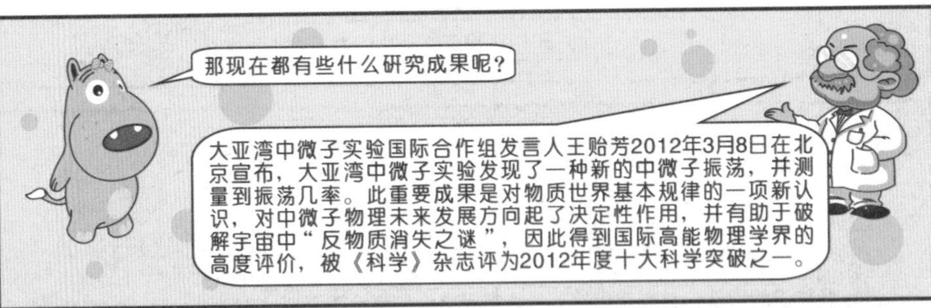

那现在都有些什么研究成果呢？
大亚湾中微子实验国际合作组发言人王贻芳2012年3月8日在北京宣布，大亚湾中微子实验发现了一种新的中微子振荡，并测量到振荡几率。此重要成果是对物质世界基本规律的一项新认识，对中微子物理未来发展方向起了决定性作用，并有助于破解宇宙中“反物质消失之谜”，因此得到国际高能物理学界的高度评价，被《科学》杂志评为2012年度十大科学突破之一。

中微子振荡　　大亚湾　　中微子

3 赋予万物质量的“上帝粒子”

小武，你最近好像长胖了！
我正因此苦恼呢，最近偷懒没去跑步又重了好多。不过说来也奇怪，为什么每个人都会有质量呢？
100KG

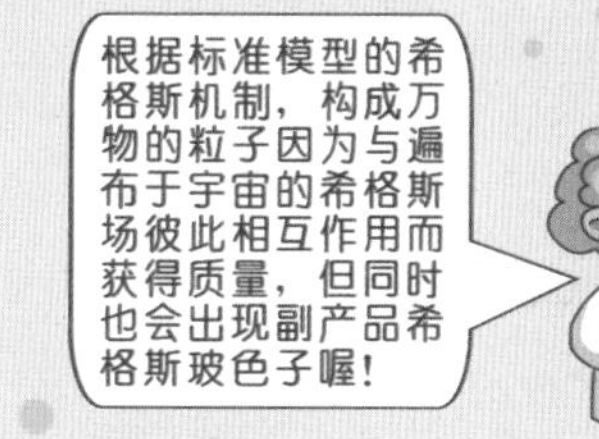
根据标准模型的希格斯机制，构成万物的粒子因为与遍布于宇宙的希格斯场彼此相互作用而获得质量，但同时也会出现副产品希格斯玻色子喔！

希格斯玻色子

希格斯玻色子是什么？

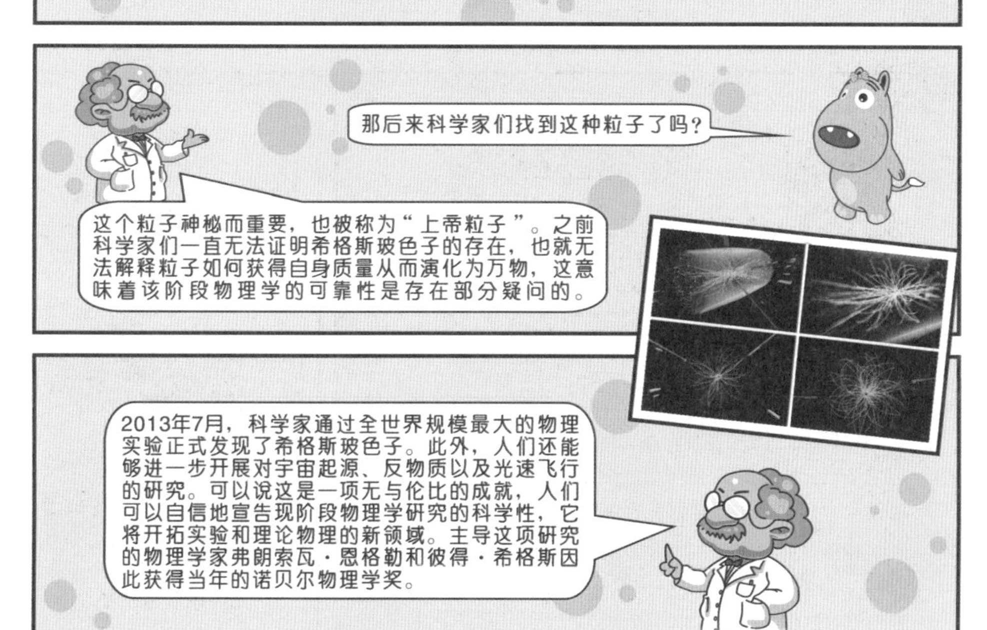
那后来科学家们找到这种粒子了吗？
这个粒子神秘而重要，也被称为“上帝粒子”。之前科学家们一直无法证明希格斯玻色子的存在，也就无法解释粒子如何获得自身质量从而演化为万物，这意味着该阶段物理学的可靠性是存在部分疑问的。
2013年7月，科学家通过全世界规模最大的物理实验正式发现了希格斯玻色子。此外，人们还能够进一步开展对宇宙起源、反物质以及光速飞行的研究。可以说这是一项无与伦比的成就，人们可以自信地宣告现阶段物理学研究的科学性，它将开拓实验和理论物理的新领域。主导这项研究的物理学家弗朗索瓦·恩格勒和彼得·希格斯因此获得当年的诺贝尔物理学奖。

神秘的马约拉纳费米子被发现

韩爷爷，听说马约拉纳费米子非常神秘，您跟我讲讲呗！
马约拉纳费米子神秘莫测，已经困扰了物理学家80年。不过在2014年，美国科学家宣布，他们找到了马约拉纳费米子，这不仅可以推动量子计算机的研制，还有助于进一步弄清暗物质的性质。

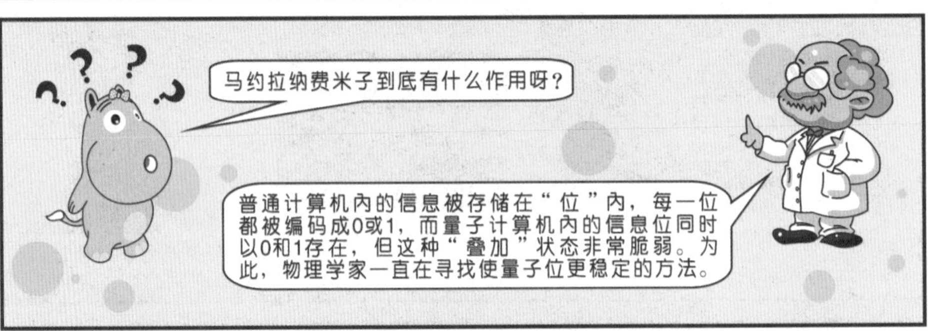

马约拉纳费米子到底有什么作用呀？
普通计算机内的信息被存储在“位”内，每一位都被编码成0或1，而量子计算机内的信息位同时以0和1存在，但这种“叠加”状态非常脆弱。为此，物理学家一直在寻找使量子位更稳定的方法。

马约拉纳费米子由本应相互湮灭的物质和反物质组成，所以其非常稳定，且呈电中性，很少与环境相互作用，这些属性或许使其成为一种更稳定的量子信息编码方式。
哇，原来马约拉纳费米子作用这么大呀！
还不止呢，马约拉纳费米子也是迄今还未被科学家们发现的暗物质的备选粒子。科学家认为，组成暗物质的粒子很难探测，可能也不会同周围的环境相互作用，正如同马约拉纳费米子。

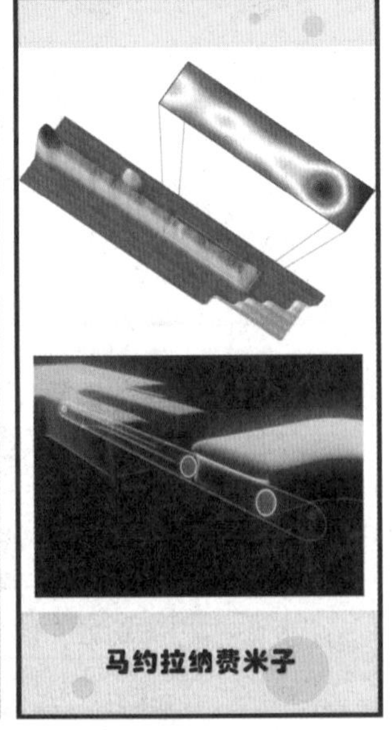
马约拉纳费米子

 成功“抓住”反物质原子长达1000秒

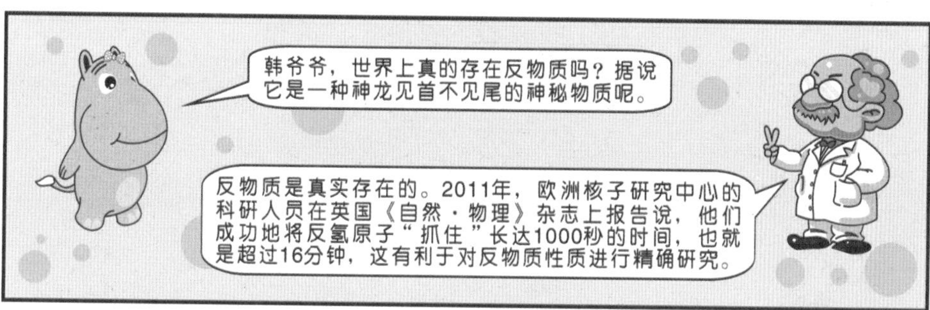
韩爷爷，世界上真的存在反物质吗？据说它是一种神龙见首不见尾的神秘物质呢。
反物质是真实存在的。2011年，欧洲核子研究中心的科研人员在英国《自然·物理》杂志上报告说，他们成功地将反氢原子“抓住”长达1000秒的时间，也就是超过16分钟，这有利于对反物质性质进行精确研究。

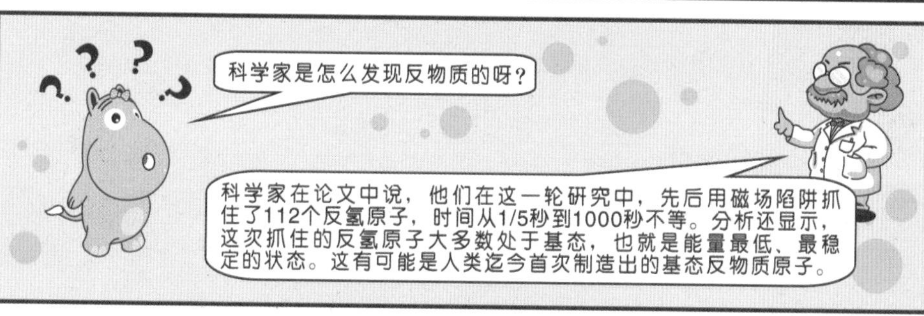
科学家是怎么发现反物质的呀？
科学家在论文中说，他们在这一轮研究中，先后用磁场陷阱抓住了112个反氢原子，时间从1/5秒到1000秒不等。分析还显示，这次抓住的反氢原子大多数处于基态，也就是能量最低、最稳定的状态。这有可能是人类迄今首次制造出的基态反物质原子。

那科学家的这项成果具有重要意义啊！
是啊，如果能让反物质原子在基态存在10～30分钟，就可以满足大多数实验的需要。这一成果标志着人类对于反物质的研究前进了一大步。

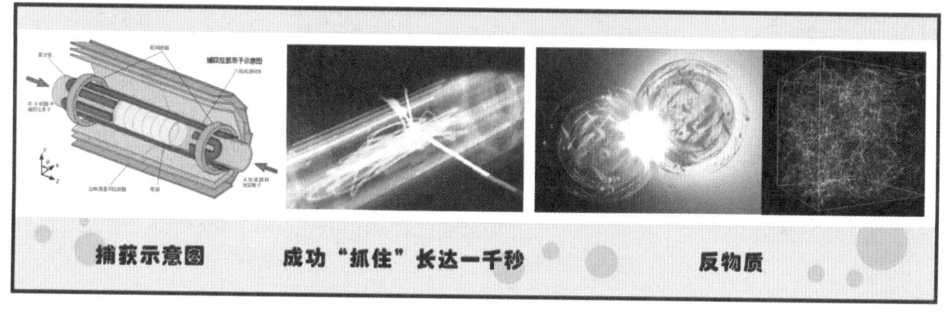

捕获示意图　成功“抓住”长达一千秒　反物质

117号元素加入元素周期表大家族

小武，你应该学过元素周期表吧。我考考你，第117号元素是什么？
呃……第117号是……

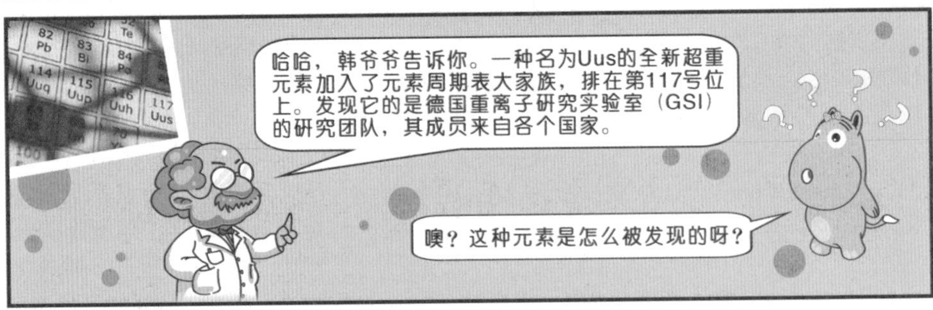
哈哈，韩爷爷告诉你。一种名为Uus的全新超重元素加入了元素周期表大家族，排在第117号位上。发现它的是德国重离子研究实验室（GSI）的研究团队，其成员来自各个国家。
噢？这种元素是怎么被发现的呀？

Uus
117号元素并非天然元素，而是通过科学手段合成的。科学家通过融合较轻的原子核，在原子核内质子数目满足条件时停止融合，这才有了新元素117。例如，科学家用大量高速钙离子轰击锫原子（原子序号97号），锫原子和钙原子（原子序号20号）相融合形成了117号元素。然而，117号元素仅存在了若干分之一秒就开始衰变。

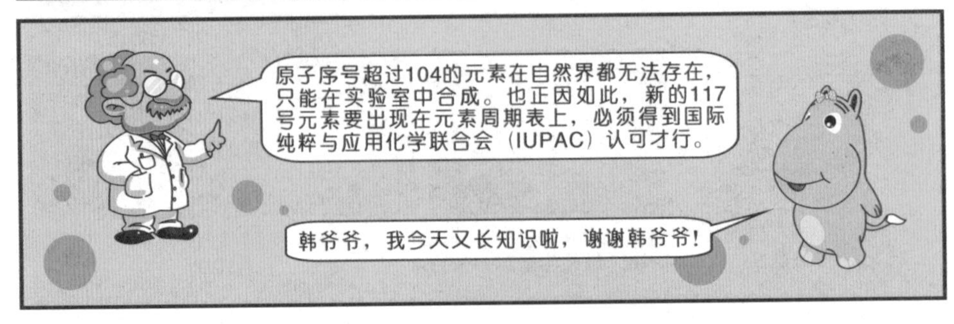
原子序号超过104的元素在自然界都无法存在，只能在实验室中合成。也正因如此，新的117号元素要出现在元素周期表上，必须得到国际纯粹与应用化学联合会（IUPAC）认可才行。
韩爷爷，我今天又长知识啦，谢谢韩爷爷！

世界上最大的机器

小武，前面你知道了科学家们通过全世界规模最大的物理实验发现了“上帝粒子”，而这项实验的成功得益于一台世界上最大的机器——大型强子对撞机（LHC）喔！

这台世界上最大的机器在哪呢？到底有多大呢？

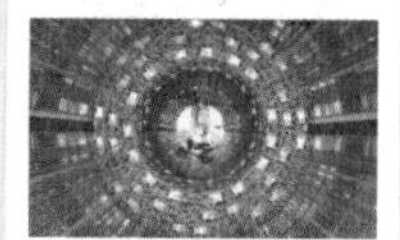

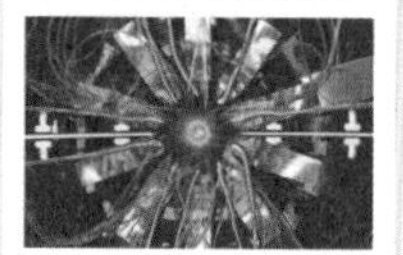

大型强子对撞机

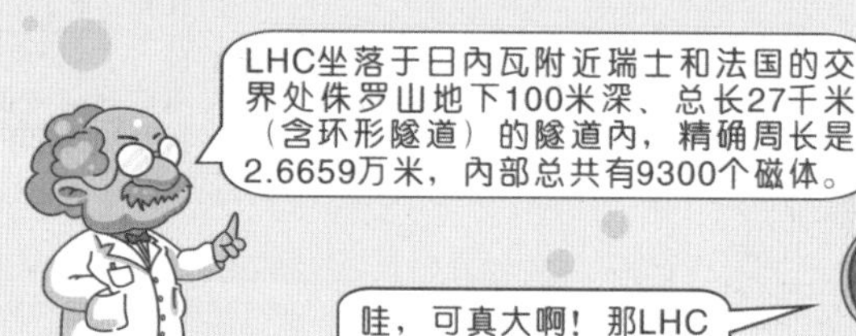
LHC坐落于日内瓦附近瑞士和法国的交界处侏罗山地下100米深、总长27千米（含环形隧道）的隧道内，精确周长是2.6659万米，内部总共有9300个磁体。
哇，可真大啊！那LHC有哪些神奇的特征呢？

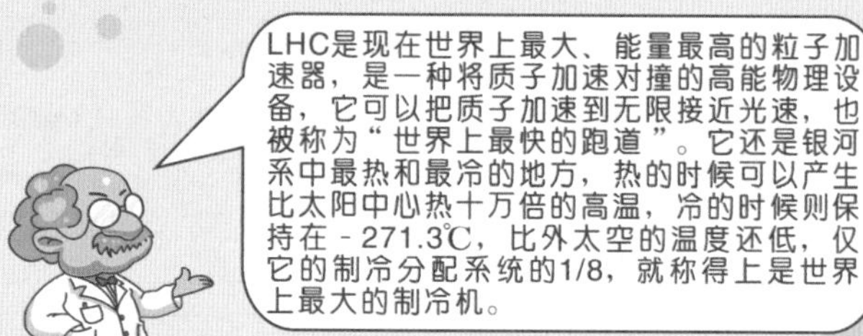
LHC是现在世界上最大、能量最高的粒子加速器，是一种将质子加速对撞的高能物理设备，它可以把质子加速到无限接近光速，也被称为“世界上最快的跑道”。它还是银河系中最热和最冷的地方，热的时候可以产生比太阳中心热十万倍的高温，冷的时候则保持在－271.3℃，比外太空的温度还低，仅它的制冷分配系统的1/8，就称得上是世界上最大的制冷机。

哇，太厉害了！那这台机器还会继续做实验吧？

是啊。2012年7月，希格斯玻色子被发现是物理学家们关于已知粒子的标准模型的最后一块拼图，具有划时代的意义。2015年，经过约两年停机维护和升级后，欧洲大型强子对撞机重新启动，正式开启第二阶段运行，让我们期待它带来更多的惊喜吧！

“人造太阳”取得突破性进展

小武，你知道什么是“人造太阳”吗？
啊？！太阳也能人造？

哈哈，受控核聚变俗称“人造太阳”。人类已经实现了不受控制的核聚变，如氢弹的爆炸等，而有效利用这种核聚变能量，即实现受控核聚变是人类安全利用核能的终极目标。

那人类对实现受控核聚变有了哪些进展呢？

受控核聚变的实现条件非常苛刻。2014年2月12日，美国利弗莫尔劳伦斯国家实验所研究人员在《自然》杂志网络版上报告说，他们在实验中先将极少量的氢同位素核燃料均匀地裹在一个直径2毫米的球状颗粒上，核燃料的厚度仅相当于一根头发丝，然后将小球装入一个微型“胶囊”。

研究人员利用激光将“胶囊”迅速加热到比太阳还高的温度，使其内部发生剧烈爆炸，最终释放出的能量超出整个实验所投入的能量，首次在完成“点火”时实现了能量“盈余”，这项成果标志着核聚变能源将步入新时代。

首次实现能量盈余

受控核聚变

我国对“人造太阳”的贡献

“人造太阳”也可以说是指国际热核聚变实验堆（ITER）计划，中国也是参与成员之一。

噢？韩爷爷，快给我说说咱们国家对“人造太阳”的研究。

我国核聚变研究开始于20世纪60年代初。2006年11月21日，我国签署了ITER计划协议成为其七个成员之一，其他是欧盟、韩国、俄罗斯、日本、印度和美国。要说我国的“人造太阳”成果，就必须说说国家大科学工程人造太阳实验装置（EAST）了，它的多轮物理实验连连获得重大突破！你看右图。

2012年4月19日，这个新一代人造太阳实验装置中性束注入系统（NBI）完成了功率3兆瓦、脉冲宽度500毫秒的高能量氢离子束引出实验，标志着我国自行研制的具有国际先进水平的中性束注入系统基本克服所有重大技术难关。2013年1月5日，EAST又首获百秒长脉冲中性束。EAST在2016年1月底的实验中，成功实现了电子温度超过5000万摄氏度、持续时间达102秒的超高温长脉冲等离子体放电。

这是国际托卡马克实验装置在电子温度达到5000万摄氏度时，持续时间最长的等离子体放电，是重要的阶段性研究进展。EAST成为世界首个实现稳态高约束模运行持续时间达到分钟量级的托卡马克核聚变实验装置，也已成为国际上稳态磁约束聚变研究的重要实验平台。

哇，看来我国对“人造太阳”的研究做出了非常大的贡献啊！

首座超导变电站建成

韩爷爷，传统的变电站能够创新吗？我看报道上说传统的变电站存在诸多不足呢。

当然能，而且我国在这方面取得了突破性的成功喔！小武，你看下面一组图片。

白银超导变电站

世界首座超导变电站场景图

2011年4月19日，由中国科学院电工研究所承担研制的中国首座超导变电站在甘肃白银市正式投入电网运行。这是世界首座超导变电站，标志着我国率先实现完整超导变电站系统的运行，对于促进未来以新能源为主导的电网建设具有重要的示范意义。

超导变电站有什么突出的优点呢？

该站的运行电压等级为10.5千伏，集成了超导储能系统、超导限流器、超导变压器和三相交流高温超导电缆等多种新型超导电力装置，可大幅改善电网安全性和供电质量，有效降低系统损耗，减少占地面积。该超导变电站在核心、关键技术上获得了近70项完全自主知识产权。

哇，真厉害！我相信随着超导变电站的运营，我们国家在供电方面会取得很好的改进。

世界最大单机容量核能发电机

小武，你知道我国首座、世界第三座采用EPR三代核电技术建设的大型商用核电站是哪个吗？
好像是叫台山核电站吧。

答对了。2013年8月24日上午，目前世界最大单机容量核能发电机——台山核电站1号1750兆瓦核能发电机由中国东方电气集团东方电机有限公司完成制造，并从四川德阳市顺利发运。东方电机为台山核电站提供首期全部两台核能发电机，单机容量高达1750兆瓦，是东方电机迄今为止制造的技术难度最高、结构最复杂、体积最大、重量最重的核能发电机。

那东方电机制造这个核电站开发设计了哪些内容呢？

东方电机开发设计了转子线圈装配新工艺、定子线棒制造新工艺、护环装配新工艺、油密封系统装配新工艺等一系列创新成果。台山1号核能发电机的成功制造，标志着东方电机在大容量、高参数发电机制造领域再次刷新纪录，登顶业界新的高峰。

看，左图就是台山核电站，右图是台山1号。

12 美国成功研制反激光器

昨天我跟小伙伴们一块玩了激光笔，可真好玩。光束能发射到那么远的地方，还有好多漂亮的图案！

小武，美国耶鲁大学的科研人员2010年2月17日在《科学》杂志上报告说，他们研制成功一种反激光器，与激光笔相反，它是吸收激光的仪器，进入此装置的激光光束将彼此干涉进而互相抵消。

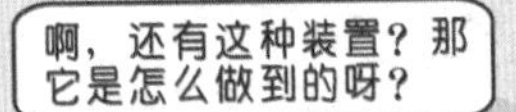
啊，还有这种装置？那它是怎么做到的呀？

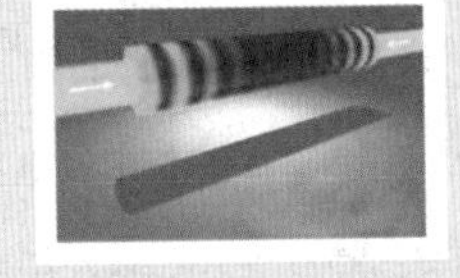

传统激光器利用“增益介质”，比如半导体物质来产生聚焦光束，而反激光器则利用硅作为“损耗介质”来捕获激光光束。该装置在未来的量子计算机等领域具有潜在用途。你看上面两张图。

那具体有些什么用途呢？

研究者介绍说，传统激光器吸收电能，并在非常窄的频率范围内释放光。反激光器则吸收激光光束，最终释放热能，这些热能很容易转化为电能。

这么厉害，那应该很多地方都能用得上吧？

是啊，这一装置最明显的应用是高能计算机领域，而且还可用作随意开关的光学开关，相关技术也会在放射学领域派上用场。

世界最大激光快速制造装备问世

韩爷爷，据说目前世界上最大成形空间的快速制造装备是咱们国家开发的，那是个什么装备啊？

那是华中科技大学史玉升科研团队开发的基于粉末床的激光烧结快速制造装备，成形空间为1.2米×1.2米。你看下面左图是激光快速制造装备，右图就是这件世界最大激光快速制造装备了。

专家表示，这一装备与工艺的开发表明，我国快速制造技术处于国际领先地位，这也是我国在先进制造领域的一项新突破。

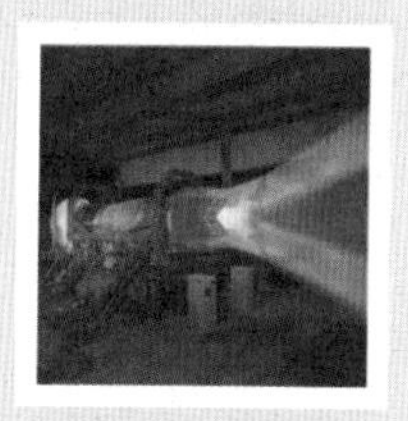

激光快速制造装备

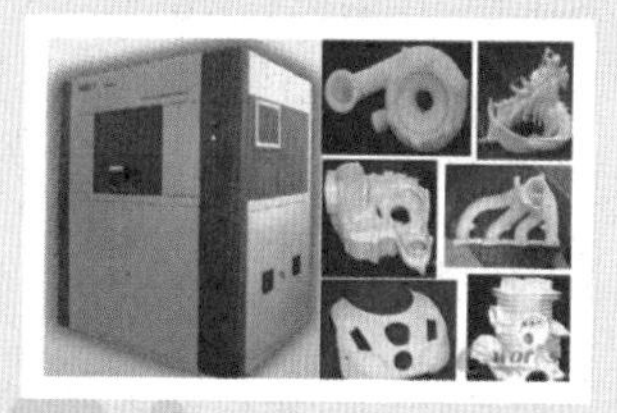

世界最大激光快速制造装备

那这项发明到底有什么实际用途啊？

这项技术与装备的研发解决了新产品开发周期长、成本高、市场响应慢、柔性化差等问题，尤其适合动力装备、航空航天、汽车等高端产品上关键零部件的制造，如空心涡轮叶片、涡轮盘、发动机排气管、发动机缸体和缸盖。

用途真广啊，有很多企业想拥有这项技术吧？

对，企业一旦拥有此技术，其产品更新换代能力和竞争力将显著提高。现已有200多家国内外用户购买和使用这项技术及装备，为我国关键行业核心产品的快速自主开发提供了有力手段。

从“产蛋”到“养鸡”的科学仪器突破

一直以来，我国的尖端科学仪器几乎全为进口，我们虽能写出前沿的论文，却做不出高端设备，“能产蛋却不能养鸡”。

韩爷爷，那近几年有没有什么改观呢？

在2013年，我国成功自主研制出8台深紫外固态激光源装备，不仅是全球首创，有望使我国科学家在一系列前沿探索中占据主动，更能推进我国尖端科研设备产业化。

那可太好了，这项装备是干什么的呢？

紫外激光波段（DUV）就是波长短于200纳米的光波，具有能量分辨率高、光谱分辨率高、光子通量密度大等特点。深紫外激光技术在物理、化学、材料、生命科学等领域有重大应用价值。但缺乏实用化、精密化激光源，影响DUV科研装备和前沿研究的发展。此外，要产生深紫外波段激光，关键是找到合适的非线性光学晶体。在科学界，200纳米常被形容为一堵墙，谁突破了这堵墙，就可能在深紫外重大前沿装备及相关领域的探索中占据制高点。

咱们国家就突破了这堵墙，对吗？

对，我国科学家经过不懈的努力，实现了晶体和器件制造的突破，在全固态激光领域首次打破200纳米这个壁垒，搭建了深紫外非线性光学晶体与器件和深紫外全固态激光源两个平台，我国也因此成为世界上唯一能够制造实用化深紫外全固态激光器的国家。

世界最小的分子“电动车”

哇，这车，帅呆了！
小武，你见过四个轮子的汽车，你知道四个“轮子”的分子吗？

啊，分子还能有轮子啊？

这是一个结构特殊的分子，它也有四个“轮子”，当接收到电流时就向前“行驶”，不过“行驶”的距离要以纳米来计算。下图就是这个分子了。

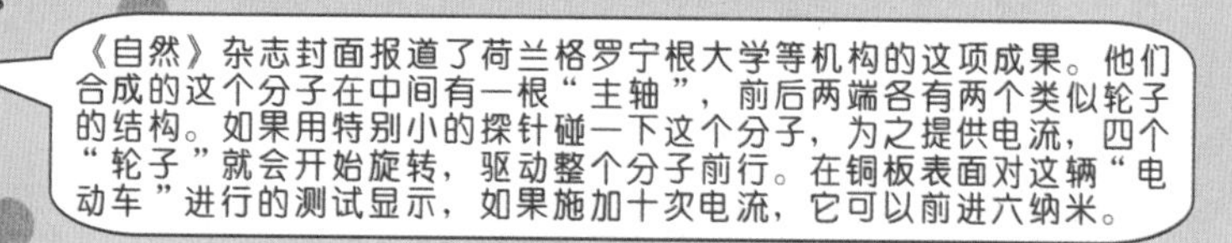
《自然》杂志封面报道了荷兰格罗宁根大学等机构的这项成果。他们合成的这个分子在中间有一根“主轴”，前后两端各有两个类似轮子的结构。如果用特别小的探针碰一下这个分子，为之提供电流，四个“轮子”就会开始旋转，驱动整个分子前行。在铜板表面对这辆“电动车”进行的测试显示，如果施加十次电流，它可以前进六纳米。

真有趣，那它有什么用途呢？
这种分子“电动车”将来可用于许多微观领域，比如把微量药物送达人体所需要的地点。

超薄“纳米片”制备方法

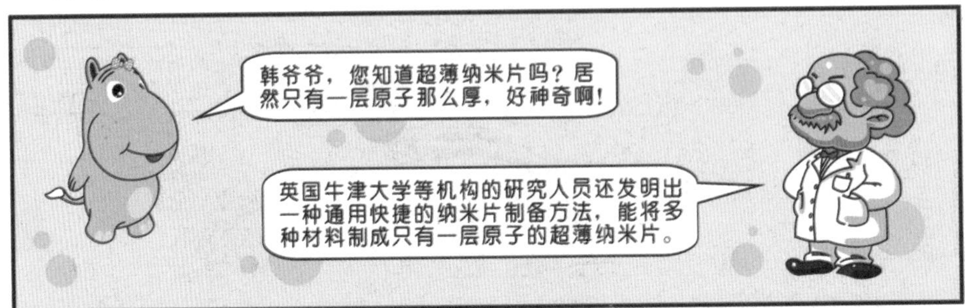
韩爷爷，您知道超薄纳米片吗？居然只有一层原子那么厚，好神奇啊！
英国牛津大学等机构的研究人员还发明出一种通用快捷的纳米片制备方法，能将多种材料制成只有一层原子的超薄纳米片。

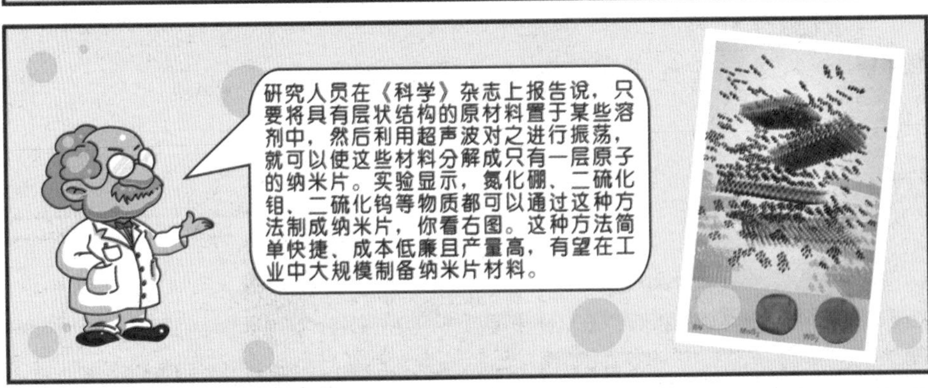
研究人员在《科学》杂志上报告说，只要将具有层状结构的原材料置于某些溶剂中，然后利用超声波对之进行振荡，就可以使这些材料分解成只有一层原子的纳米片。实验显示，氮化硼、二硫化钼、二硫化钨等物质都可以通过这种方法制成纳米片，你看右图。这种方法简单快捷、成本低廉且产量高，有望在工业中大规模制备纳米片材料。

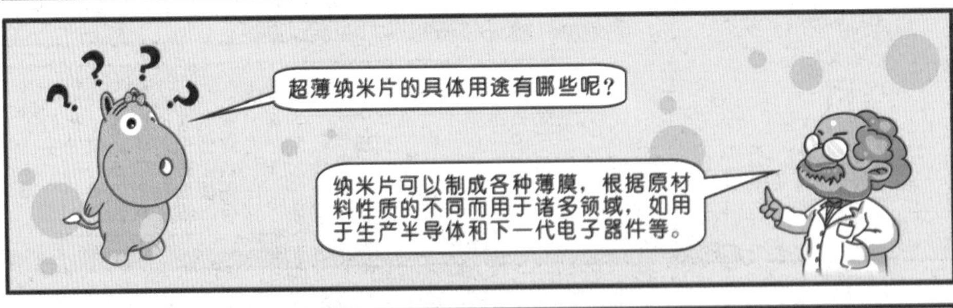
超薄纳米片的具体用途有哪些呢？
纳米片可以制成各种薄膜，根据原材料性质的不同而用于诸多领域，如用于生产半导体和下一代电子器件等。

居然能用于生产半导体和下一代电子器件，用途真大啊！
是的，这次研究可能为这些工业领域带来革命性进步呢！

直径为头发万分之一的超细纳米导线

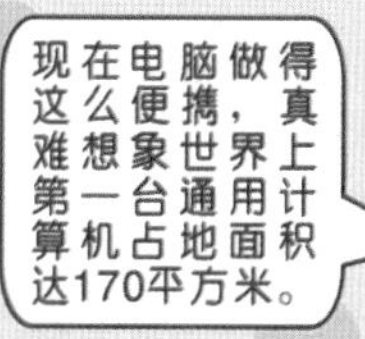

现在电脑做得这么便携，真难想象世界上第一台通用计算机占地面积达170平方米。
不仅如此，近40多年，工业界不断研制更小尺度的晶体管、导线等元件，以开发更先进的电脑。你能想象纳米导线的直径可以做到头发的万分之一吗？

这么细啊！那导电能力能保证吗？
元件达到原子尺度后问题显而易见：随着电路变得越来越小，电阻相对于电荷而言常常过大，使得电荷难以流动形成电流。不过2012年澳大利亚和美国科学家组成的研究团队研制出世界上最细的纳米导线，直径仅为人类头发的万分之一，但导电能力可与传统铜线媲美。

哇，好厉害！这些科学家们是怎么做到的呢？
他们利用精心设计的“扫描隧道显微镜”，在硅片表面以1纳米间隔只安放1个磷原子的方式制备了纳米导线，其宽度相当于4个硅原子，高度相当于1个硅原子。通过这种方式设计的纳米导线，可以使电子自由流动，有效解决了电阻问题。下图就是超细纳米导线。

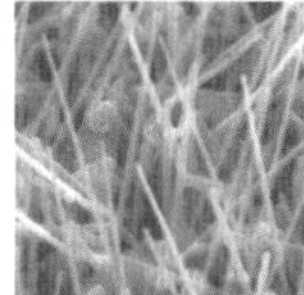

看来电脑会越来越先进，我好期待喔！
是啊，这一技术表明，计算机元件可以降低到原子尺度，量子电脑的研发成为可能。

成功制备单根长度达半米以上的碳纳米管

小武，说到直径为头发万分之一的超细纳米导线，现在给你讲讲单根长度达半米以上的碳纳米管吧。碳纳米管优异的力学性能在超强纤维、防弹衣等领域可都有着广阔的应用前景喔。

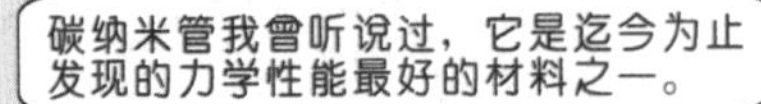
碳纳米管我曾听说过，它是迄今为止发现的力学性能最好的材料之一。

没错。碳纳米管有着极高的拉伸强度、杨氏模量和断裂伸长率，其单位质量上的拉伸强度是钢铁的276倍，远远超过其他任何材料。但就碳纳米管的生长而言，其高温生长过程中催化剂的失活是一个不可逆的规律，从而限制了碳纳米管的长度；且随着催化剂失活，长的碳纳米管密度会急剧下降。

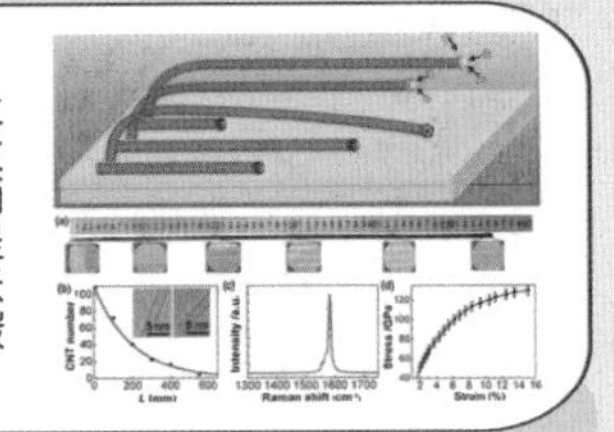

那尽可能地提高其催化剂活性概率，就是进一步提高碳纳米管长度的唯一途径吗？

你说得很对，清华大学魏飞教授团队充分发挥材料制备和化工技术学科交叉的优势，在制造设备、制备工艺方面进行大量改进和创新，首次将生长每毫米长度碳纳米管的催化剂活性概率提高到99.5%以上，最终于2013年成功制备出单根长度超过半米的碳纳米管。

魏飞教授团队
可真厉害啊！

由于碳纳米管自身重量极轻，却拥有高出钢铁数百倍的拉伸强度，被认为是制造“太空天梯”的理想材料。魏飞教授说，他们团队的目标是制备出千米级以上长度的碳纳米管，为太空“天梯”的制造开启一线曙光。

世界上最轻的材料

小武，你知道世界上最轻的材料是什么吗？
……
棉花？羽毛？还是轻纱？

哈哈，都不是。浙江大学研制出一种被称为“全碳气凝胶”的固态材料，每立方厘米仅0.16毫克，为空气密度的1/6，是迄今为止世界上最轻的材料，哪怕将一个马克杯大小的气凝胶放在狗尾草上，纤细的草须也不会被压弯喔！你看图片。

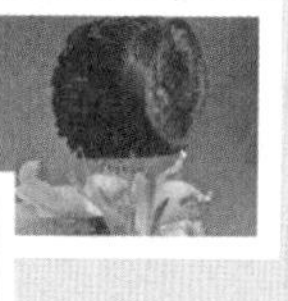

哇！真轻啊，那它肯定还有其他特别之处吧？
全碳气凝胶在结构韧性方面也十分出色，可在数千次被压缩至原体积的20%之后迅速复原。此外，它还是吸油能力极强的材料之一。现有的吸油产品一般只能吸收自身质量10倍左右的有机溶剂，而全碳气凝胶的吸收量可高达自身质量的900倍。

太厉害了，这个材料是什么时候被研制出来的呢？
此研究成果于2013年2月18日在线发表于《先进材料》，并被《自然》在“研究要闻”栏目中重点配图和评论，有兴趣可以去看看喔。

甲烷高效转化研究获重大突破

我看报道说包信和院士又有新发明，还引起了轰动呢！

中科院大连化学物理研究所包信和院士领衔的团队基于“纳米限域催化”新概念，创造性地构建了硅化物晶格限域的单中心铁催化剂，成功实现甲烷在无氧条件下选择活化，一步高效生产乙烯、芳烃和氢气等高值化学品。

这与原有的转化方式相比有很多优点吧？
是啊，与天然气转化的传统路线相比，该技术彻底摒弃了高耗能的合成气制备过程，大大缩短了工艺路线，反应过程本身实现了二氧化碳零排放，碳原子利用效率达到100%。

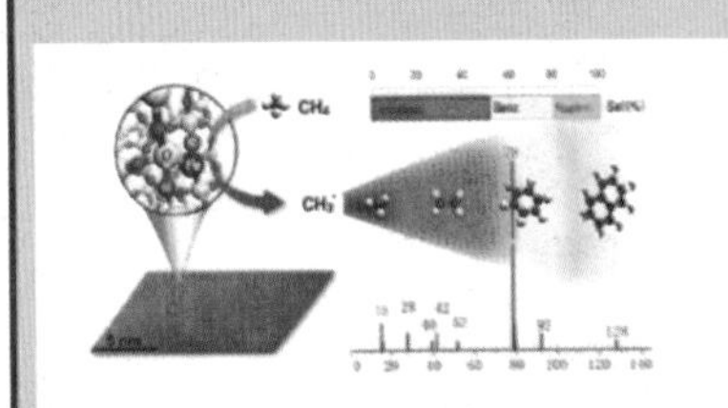

甲烷高效转化研究获重大突破

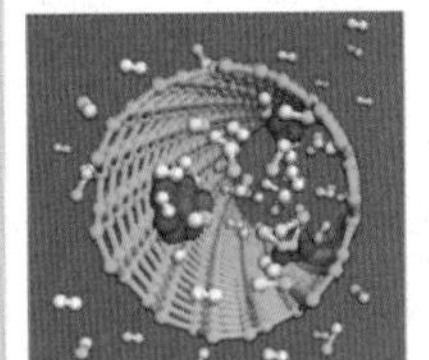

纳米限域催化

这项发明肯定能推动未来新能源发展！

有关专家认为这是一项“即将改变世界”的新技术，未来的推广应用将为天然气、页岩气的高效利用开辟新的途径。目前这项技术相关的专利申请已进入美国、俄罗斯、日本、欧洲等国家和地区。

21 看清更小的物质世界

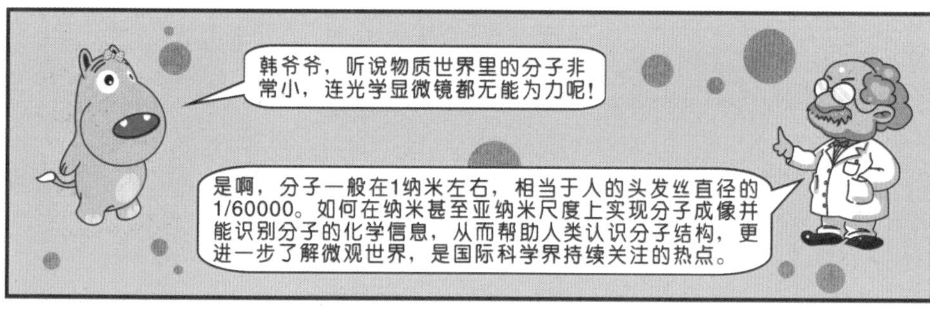
韩爷爷，听说物质世界里的分子非常小，连光学显微镜都无能为力呢！
是啊，分子一般在1纳米左右，相当于人的头发丝直径的1/60000。如何在纳米甚至亚纳米尺度上实现分子成像并能识别分子的化学信息，从而帮助人类认识分子结构，更进一步了解微观世界，是国际科学界持续关注的热点。

那人类究竟能看清分子吗？
由中科院院士侯建国领衔的中国科技大学微尺度物质科学国家实验室单分子科学团队董振超研究小组，在国际上首次实现亚纳米分辨的单分子光学拉曼成像，将具有化学识别能力的空间成像分辨率提高到前所未有的0.5纳米。

亚纳米分辨的单分子光学拉曼成像

《自然》杂志在线发表了该项成果。三位审稿人盛赞这项工作“打破了所有的纪录，是该领域创建以来的最大进展”；“是该领域迄今质量最高的工作，开辟了一片新天地”。

看来这项研究非常重要啊！
是啊。这项研究对了解微观世界，特别是微观催化反应机制、分子纳米器件的微观构造和包括DNA测序在内的高分辨生物分子成像，具有极其重要的科学意义和实用价值，也为研究单分子非线性光学和光化学过程开辟了新途径。

22 揭示阿尔茨海默病致病蛋白三维结构

韩爷爷，还有什么蛋白结构方面的新成果吗？

清华大学生命科学院施一公院士研究组在世界上首次揭示了与阿尔茨海默发病直接相关的人源γ分泌酶复合物γ-secretase精细三维结构，为阿尔茨海默病的发病机理提供了重要线索。下面左图是施一公院士，右图就是阿尔茨海默病致病蛋白三维结构。

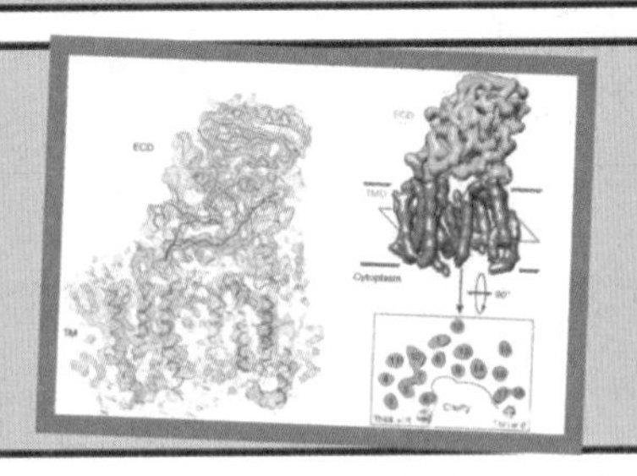

韩爷爷，这些专有名词太深奥了，这阿尔茨海默病到底是什么呀？

阿尔茨海默病俗称老年痴呆症，不但给病人及家属造成极大痛苦，也带来沉重的社会负担。

噢，现在好多老人都有这个毛病。那科学家是怎么进行研究的呢？

该研究组利用瞬时转染技术，在哺乳动物细胞中成功过量表达并纯化出纯度好、性质均一、有活性的γ-secretase复合体。同时，通过对获得的复合物样品进行冷冻电镜分析，最终获得了分辨率达4.5埃的γ-secretase复合物三维结构。据此，科学家对阿尔茨海默病的研究将开启新篇章。

23 首次解析人源葡萄糖转运蛋白结构

小武，说到蛋白结构，我还要给你介绍一项重大成果，也是咱们中国科学家研究获得的。
韩爷爷，您可得给我说说。

清华大学医学院颜宁教授研究组在世界上首次解析了人源葡萄糖转运蛋白GLUT1的晶体结构，初步揭示其工作机制及相关疾病的致病机理。

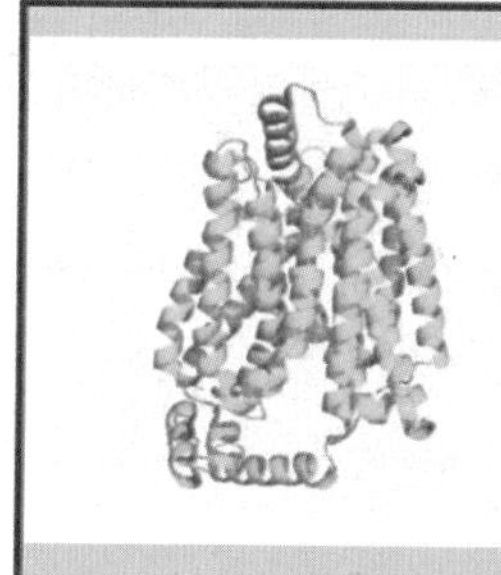

人源葡萄糖转运蛋白结构

颜宁教授

据介绍，该成果不仅是针对葡萄糖转运蛋白研究取得的重大突破，同时为理解其他具有重要生理功能的糖转运蛋白的转运机理提供了重要的分子基础，揭示了人体内维持生命的基本物质进入细胞膜转运的过程，对于人类进一步认识生命过程意义重大。

这项成果在国际上得到了很高的评价吧？

该成果在《自然》杂志发表后，诺贝尔化学奖得主布莱恩·克比尔卡给出了这样的评价：针对人类疾病开发药物，获得人源转运蛋白结构至关重要。因此这是一项伟大的成就。它对于研究癌症和糖尿病的意义不言而喻。

24 基因组流行病学

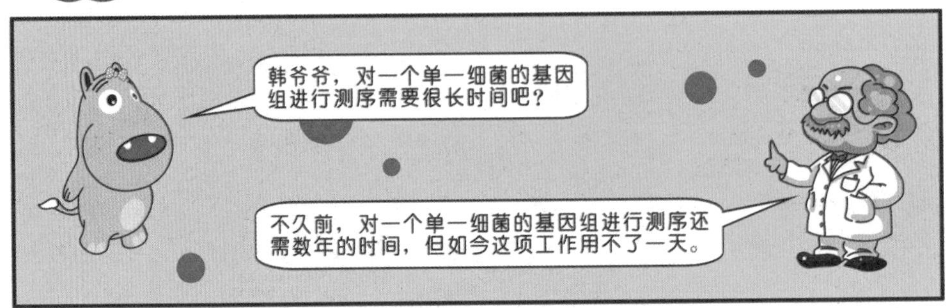
韩爷爷，对一个单一细菌的基因组进行测序需要很长时间吧？
不久前，对一个单一细菌的基因组进行测序还需数年的时间，但如今这项工作用不了一天。

哇，这是真的吗？太不可思议了。
利用这种能力，科学家正在开始比以往任何时候更为详细地追踪病原体的行踪。

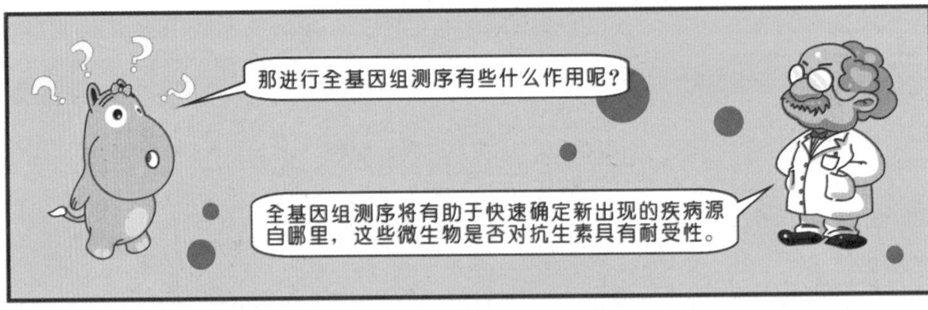
那进行全基因组测序有些什么作用呢？
全基因组测序将有助于快速确定新出现的疾病源自哪里，这些微生物是否对抗生素具有耐受性。

以及它们如何在人群中传播，此类测序还将揭示历史上的流行病情况。

中外科学家完成马铃薯基因组测序

韩爷爷，听说中外科学家完成马铃薯基因组的测序啦！
是的。14个国家的29个机构联合成立的“国际马铃薯基因组测序协作组”（包括中国农业科学院蔬菜花卉研究所、深圳华大基因研究院等）经过6年艰苦努力，发现马铃薯基因组包含约3.9万个基因，几乎是人类基因数量的两倍。

哇，马铃薯的基因数量有这么多啊！
是啊，这项研究成果刊登在英国《自然》杂志上，并成为最重要的封面论文呢，你看右图。
nature
THE POTATO GENOME

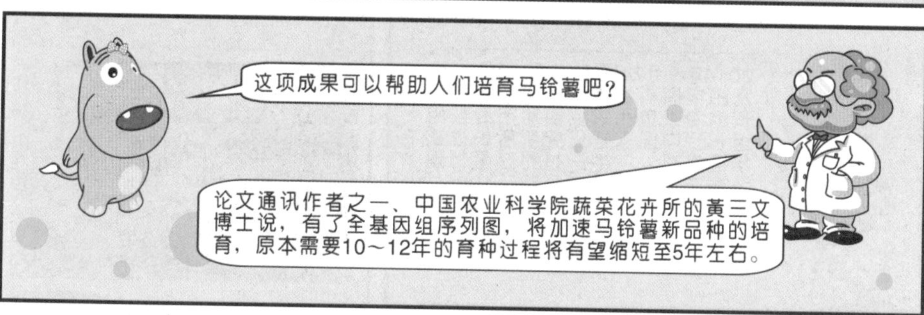
这项成果可以帮助人们培育马铃薯吧？
论文通讯作者之一、中国农业科学院蔬菜花卉所的黄三文博士说，有了全基因组序列图，将加速马铃薯新品种的培育，原本需要10～12年的育种过程将有望缩短至5年左右。

哇，那这可真是个好消息，育种的周期缩短了一半多呢！
此外，它还将有助于培育抗病、高营养、高产等优良特性的马铃薯新品种。中国在这项国际合作项目中发挥了主导作用。

超级稻亩产首破千公斤

小武，你知道超级杂交水稻究竟可以达到什么样的每亩产量水平吗？
呃——500公斤？

2014年，杂交水稻之父袁隆平院士给出了1000公斤的答案，这一十分惊人的数目意味着可能将多养活7000万人。

哇，产量这么大啊！这对于全人类的生存，可是极大的贡献呢！

2014年9月24日和10月10日，分别由中国科学院院士谢华安任组长的专家组和农业部测产专家组组长、中国水稻研究所所长程式华等专家，在牛形村和红星村现场测产，平均亩产分别达1006.1公斤和1026.7公斤，首次实现了超级稻百亩片过千公斤的目标，创造了一项里程碑式的世界纪录。

这是农业部首次针对超级稻千公斤攻关品种组织的国家级测产验收。2014年，“Y两优900”在全国13个省市自治区的30个示范片开展高产示范攻关，在较为不利的气候下仍获得丰收。

第四期超级稻先锋组合
Y两优900

超级稻

第六章

踏遍青山人未老　风景这边独好

7
89
269
11 13
神威
太湖之光

$\frac{\partial^2 u}{\partial t^2}=c^2\frac{\partial^2 u}{\partial x^2}$
95087
95089
269 271
11 13

神威
太湖之光

1 数学世界中有无限对孪生兄弟吗？

哇，他们是孪生兄弟啊！
小武，你知道吗，数学中也有孪生兄弟喔！

真的吗？那数学中的孪生兄弟长什么样？
它们被称为孪生素数。这些兄弟们不仅同为素数，且只相差2，比如3和5，5和7，等等。
11 13
59 61
1667 1669
229751
229753

早在150多年前，数学家们就提出了“孪生素数猜想”，认为应有无数对这样的兄弟；但一直也没想出好办法来证明这一猜想。
那数学世界里究竟有多少对这样的孪生兄弟呢？
这就是张益唐和他的公式喔！
$\liminf_{n\to\infty}(p_{n+1}-p_n)<7\times10^7$
那可怎么办呀！
2013年5月，华裔数学家张益唐证明了存在无穷多个相差小于7000万的素数对，这是第一次有人正式证明存在无穷多组间距小于定值的素数对。随后半年，这个差值不断缩小。到2014年2月，已缩小到246！虽然离2还有一定差距，但相信数学家们一定能证明孪生素数猜想！

随机偏微分方程的重大进展

小武，前面你知道了数学中的孪生兄弟，那你知道微分方程吗？它可是在数学、物理学和工程学里都有广泛应用的哟！
微分方程都应用在哪了呢？

它能描述那些随着时间变化的过程，比如一颗子弹出膛之后的运动，或者是股票和债券价格变化的趋势。
那微分方程肯定有很多类型吧？

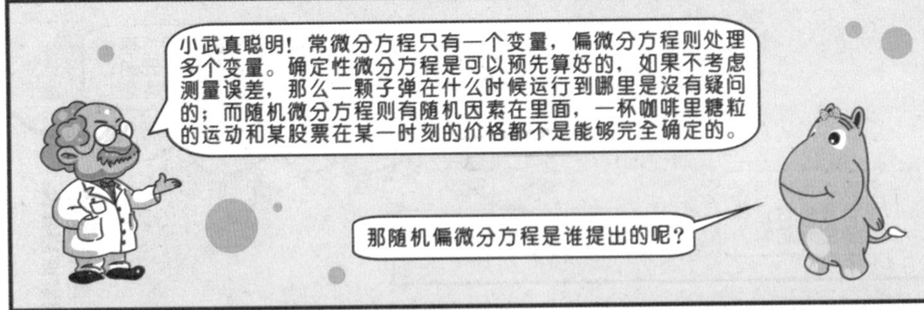
小武真聪明！常微分方程只有一个变量，偏微分方程则处理多个变量。确定性微分方程是可以预先算好的，如果不考虑测量误差，那么一颗子弹在什么时候运行到哪里是没有疑问的；而随机微分方程则有随机因素在里面，一杯咖啡里糖粒的运动和某股票在某一时刻的价格都不是能够完全确定的。
那随机偏微分方程是谁提出的呢？

马丁·海尔
2014年，任职于英国华威大学的奥地利人马丁·海尔为这些方程建立了一套正则性结构理论，在随机偏微分方程理论方面做出了杰出贡献，因此被授予菲尔兹奖！

3 把高斯的工具扩展到更高次方领域

高斯

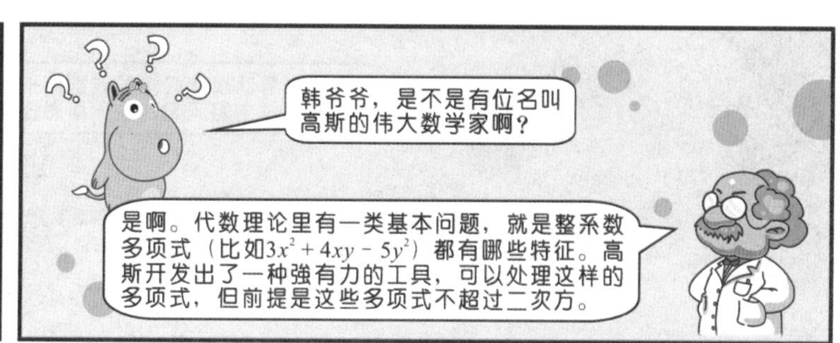
韩爷爷，是不是有位名叫高斯的伟大数学家啊？
是啊。代数理论里有一类基本问题，就是整系数多项式（比如$3x^2+4xy-5y^2$）都有哪些特征。高斯开发出了一种强有力的工具，可以处理这样的多项式，但前提是这些多项式不超过二次方。

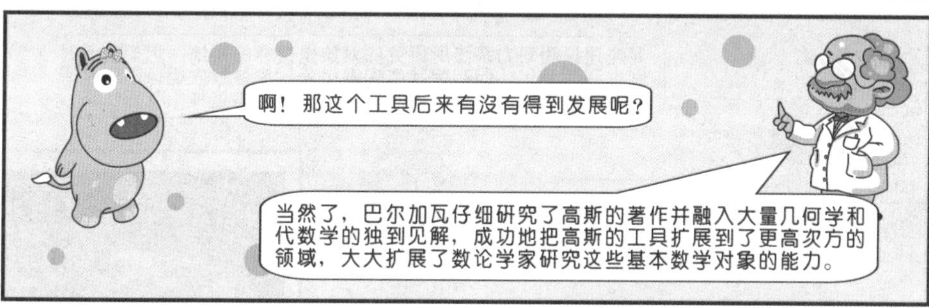
啊！那这个工具后来有没有得到发展呢？
当然了，巴尔加瓦仔细研究了高斯的著作并融入大量几何学和代数学的独到见解，成功地把高斯的工具扩展到了更高次方的领域，大大扩展了数论学家研究这些基本数学对象的能力。

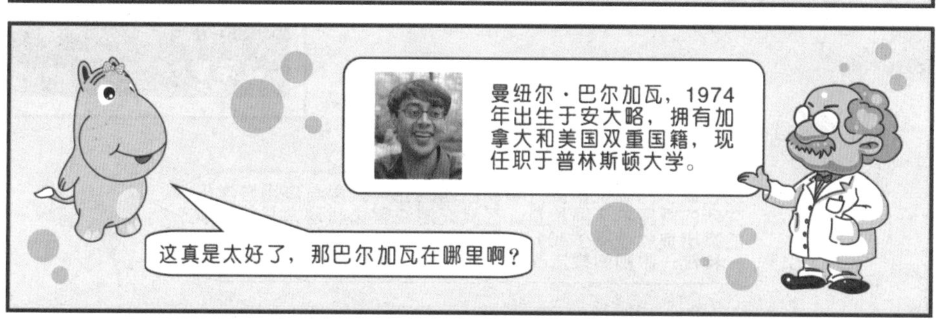
曼纽尔·巴尔加瓦，1974年出生于安大略，拥有加拿大和美国双重国籍，现任职于普林斯顿大学。
这真是太好了，那巴尔加瓦在哪里啊？

巴尔加瓦这么厉害，肯定获得了大奖吧？
是啊，他因为在几何数论领域引入了强有力的新方法，计算了小秩环并界定了椭圆曲线的平均秩而被授予菲尔兹奖。

4 混沌理论与动力系统领域的新进展

听说蝴蝶扇动翅膀可能导致数百千米之外的地方发生飓风呢，太不可思议了!
这就是“蝴蝶效应”，因为天气是一个混沌系统。

混沌理论和动力系统所研究的对象是这样的系统：它们随着时间推移而变化，但初始状态的微小差异会导致大相径庭的结果，比如天气模式。“蝴蝶效应”就是用来描述这种系统的比喻。
什么是混沌系统呢？我还听说过动力系统，那又是什么呢？

混沌学

目前，混沌理论与动力系统有什么新进展呢？
现任职于巴黎狄德罗大学和巴西国立纯数学与应用数学研究所的阿图尔·阿维拉，因其在混沌理论和动力系统领域的杰出贡献被授予2014年度的菲尔兹奖，他将重正化作为一种统一原则的想法改变了整个动力系统领域的面貌。

哇，那他的主要贡献是什么呢？
阿维拉的主要贡献之一是，明确了有一大类动力体系最后一定会落入两种结果之一。这些体系要么会演化成稳定状态，要么会演化成混沌随机状态——虽然不能精确预测，但可以用概率语言来描绘。

5 操纵记忆

韩爷爷，科学家真的能操纵记忆吗？听说美国麻省理工学院的科学家通过研究证明操纵老鼠的特定记忆具有可能性。

是的，他们从影片《暖暖内含光》中获得灵感，采用一项被称为“光遗传学”的技术——利用病毒将光敏分子引入老鼠的神经元细胞——改变老鼠大脑的活动。下面就是相关实验的图片。

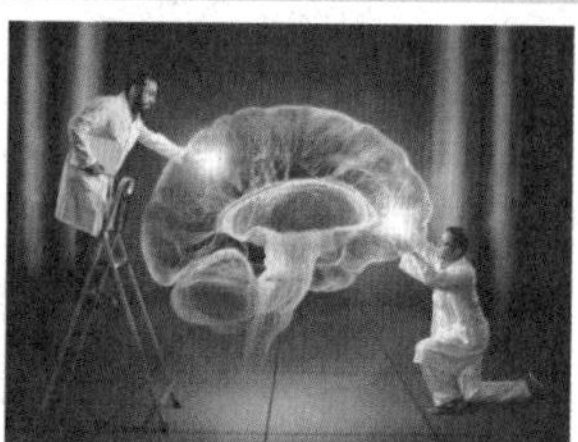

那研究结果怎么样呢？
研究中，他们成功删除老鼠的现有记忆，而后植入伪造的记忆。此外，他们还能将消极情绪的记忆变成积极情绪的记忆。虽然这项研究引发争议，但研究中采用的技术必将产生深远影响。

如果这项技术用于人类，会带来哪些方面的好处呢？
如果用于人类，这项技术允许医生控制患者的行为，可能帮助他们戒掉各种瘾，或者对抗抑郁症、精神分裂症等精神疾病。此外，遭受创伤的士兵和脊髓受损的患者也将成为受益者。医生可以利用这项技术绕过脊柱中的受损神经，缓解他们的痛苦或帮助他们重获移动能力。

首次实现两个人脑之间的远程控制

小武，你想象过吗，两个人脑之间可以远程控制。
啊？！这真的可以实现吗？

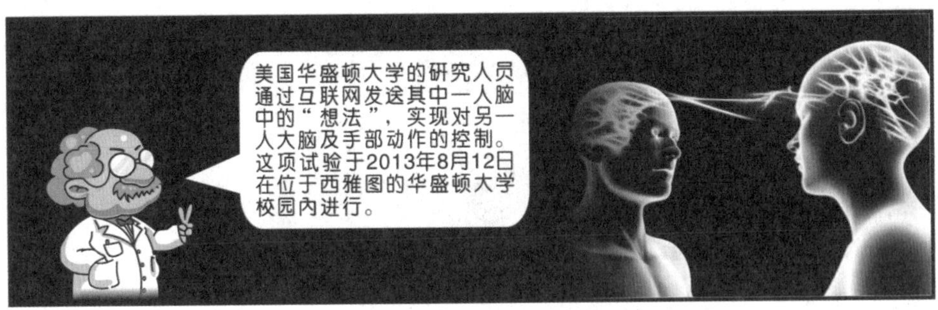
美国华盛顿大学的研究人员通过互联网发送其中一人脑中的“想法”，实现对另一人大脑及手部动作的控制。这项试验于2013年8月12日在位于西雅图的华盛顿大学校园内进行。

通过想法控制别人的活动，听起来好像科幻电影啊！
研究人员也表示，这项技术容易让人联想起各种科幻“心灵融合”情节。

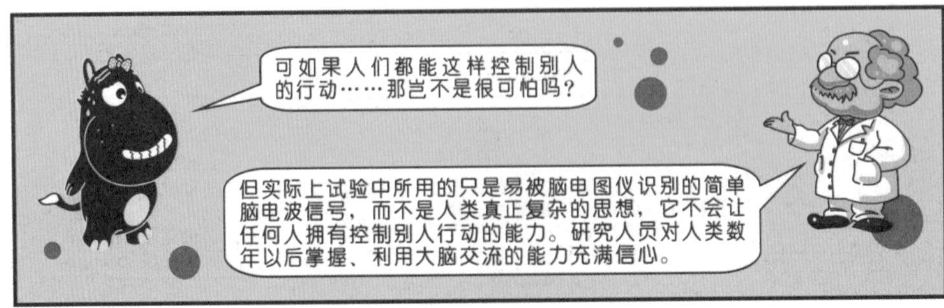
可如果人们都能这样控制别人的行动……那岂不是很可怕吗？
但实际上试验中所用的只是易被脑电图仪识别的简单脑电波信号，而不是人类真正复杂的思想，它不会让任何人拥有控制别人行动的能力。研究人员对人类数年以后掌握、利用大脑交流的能力充满信心。

大脑研究摩拳擦掌

据说纳米科技和计算科学的突飞猛进，使得许多野心勃勃的大脑研究计划浮出水面。
是的。2014年，很多研究都到达了转折点，有喜又有忧。

都有哪些研究遭遇了转折呢？
2014年7月，欧盟的一个脑科学研究旗舰项目遭遇“兵变”。这个耗费10亿欧元的人类大脑计划（Human Brain Project）计划用超级计算机来模拟大脑。

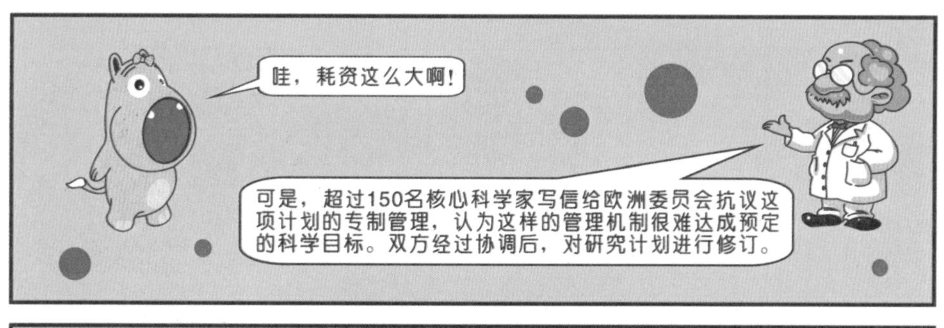
哇，耗资这么大啊！
可是，超过150名核心科学家写信给欧洲委员会抗议这项计划的专制管理，认为这样的管理机制很难达成预定的科学目标。双方经过协调后，对研究计划进行修订。

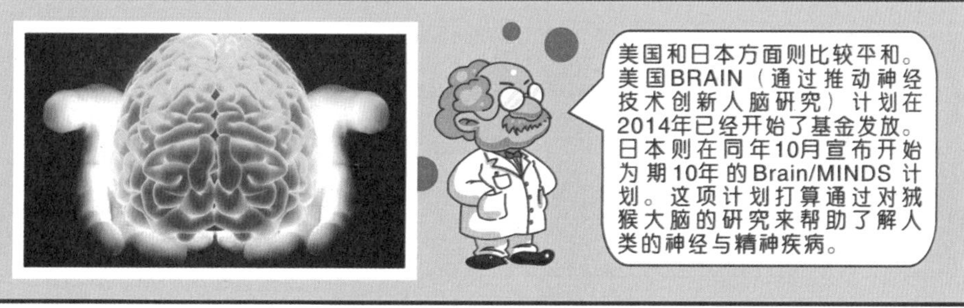
美国和日本方面则比较平和。美国BRAIN（通过推动神经技术创新人脑研究）计划在2014年已经开始了基金发放。日本则在同年10月宣布开始为期10年的Brain/MINDS计划。这项计划打算通过对狨猴大脑的研究来帮助了解人类的神经与精神疾病。

发现大脑神经网络形成新机制

复旦大学脑科学研究院马兰教授研究团队发现一种在体内广泛存在的蛋白激酶GRK5。
噢？这项研究经过了多长时间啊？GRK5又与什么方面有关呢？

经过三年多的研究，GRK5是在神经发育和可塑性中有关键作用喔！
这一发现都揭示了些什么信息呢？

这一发现揭示了GRK5在神经系统中的功能，以及调节神经元形态和可塑性的新机制，也给神经元发育异常引起的孤独症和唐氏综合征等疾病的治疗和药物研发提供了新的思路。你看，右边是大脑神经网络形成新机制的相关图片。

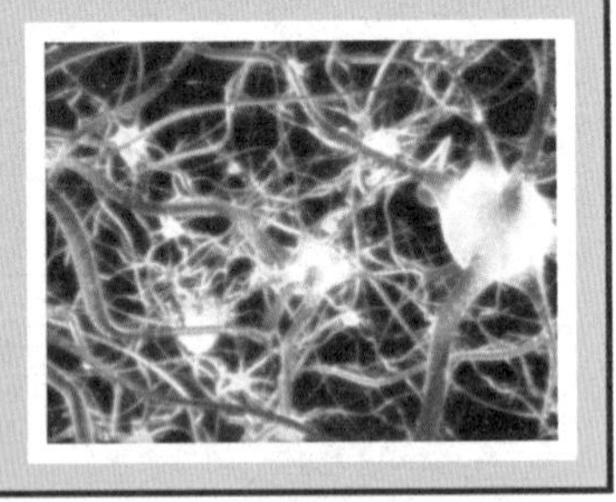

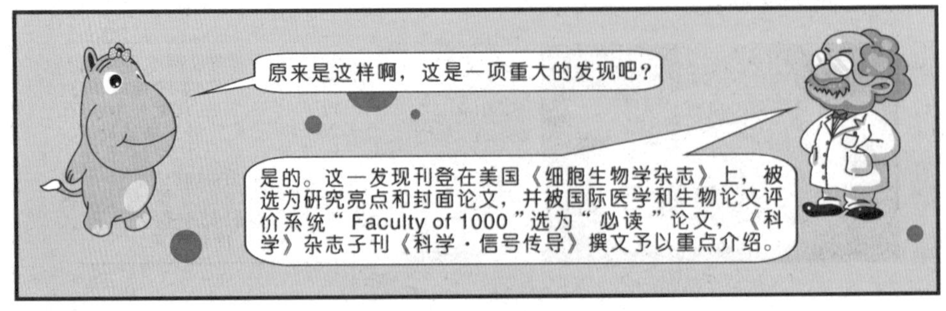
原来是这样啊，这是一项重大的发现吧？
是的。这一发现刊登在美国《细胞生物学杂志》上，被选为研究亮点和封面论文，并被国际医学和生物论文评价系统“Faculty of 1000”选为“必读”论文，《科学》杂志子刊《科学·信号传导》撰文予以重点介绍。

9 人脑连接组计划

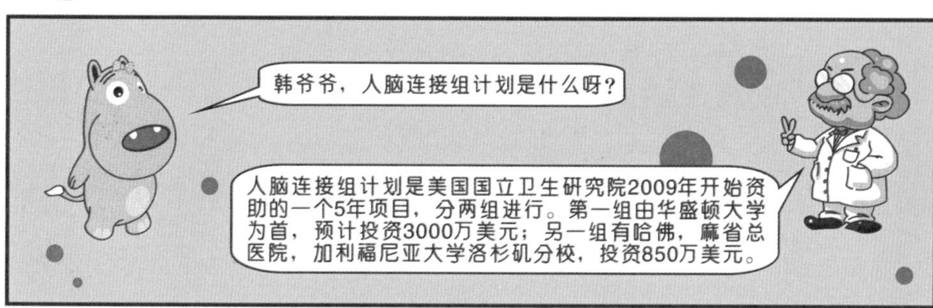
韩爷爷，人脑连接组计划是什么呀？
人脑连接组计划是美国国立卫生研究院2009年开始资助的一个5年项目，分两组进行。第一组由华盛顿大学为首，预计投资3000万美元；另一组有哈佛，麻省总医院，加利福尼亚大学洛杉矶分校，投资850万美元。

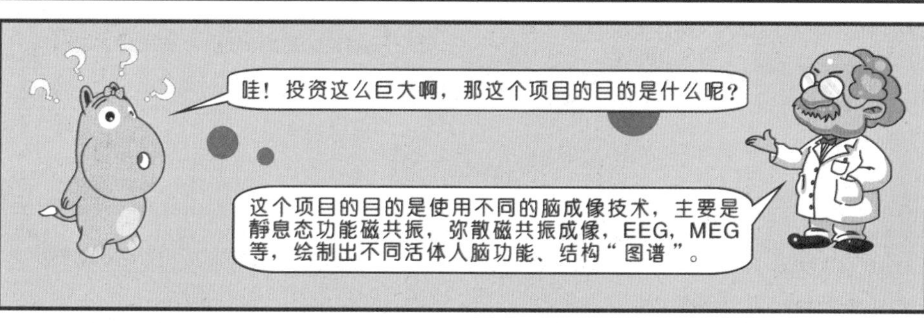
哇！投资这么巨大啊，那这个项目的目的是什么呢？
这个项目的目的是使用不同的脑成像技术，主要是静息态功能磁共振，弥散磁共振成像，EEG，MEG等，绘制出不同活体人脑功能、结构“图谱”。

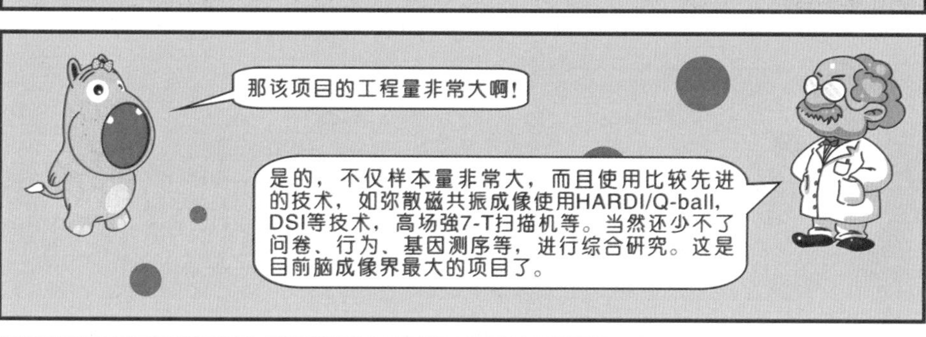
那该项目的工程量非常大啊！
是的，不仅样本量非常大，而且使用比较先进的技术，如弥散磁共振成像使用HARDI/Q-ball，DSI等技术，高场强7-T扫描机等。当然还少不了问卷、行为、基因测序等，进行综合研究。这是目前脑成像界最大的项目了。

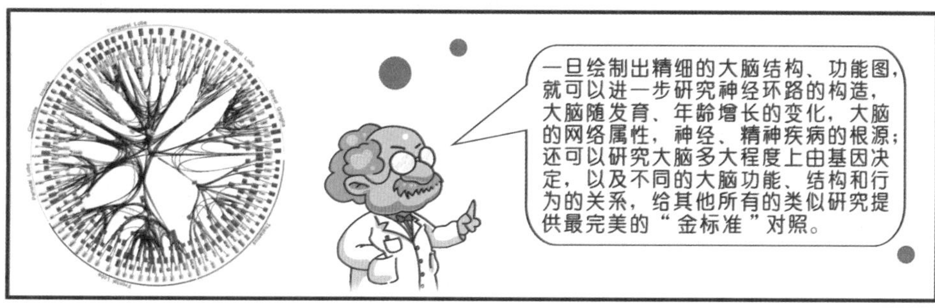
一旦绘制出精细的大脑结构、功能图，就可以进一步研究神经环路的构造，大脑随发育、年龄增长的变化，大脑的网络属性，神经、精神疾病的根源；还可以研究大脑多大程度上由基因决定，以及不同的大脑功能、结构和行为的关系，给其他所有的类似研究提供最完美的“金标准”对照。

脑成像技术

小武，你知道吗？2013年，大脑的一个新窗口被打开，有望从根本上改变实验室研究诸如大脑这种错综复杂的器官的方式，它被称为CLARITY。
噢？CLARITY是什么新技术？

由于形成细胞膜的脂肪会散射光，CLARITY通过消除脂肪可以使大脑组织透明如玻璃，它使用一种凝胶取代脂质分子，同时能保持神经元、其他脑细胞及细胞器完整，从而使错综复杂的大脑结构呈现出来。你看，左图就是脑成像技术的相关图片。

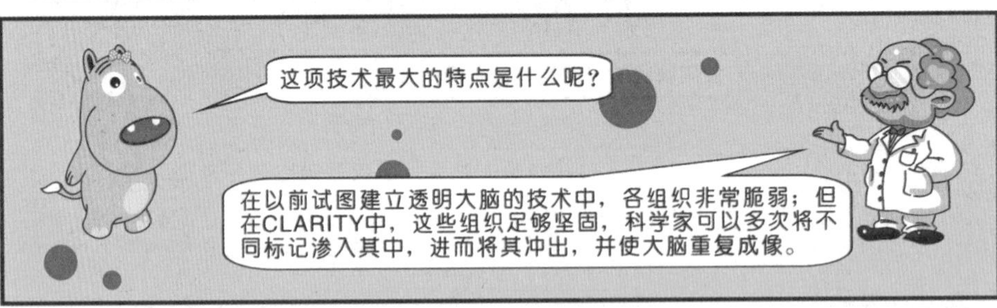
这项技术最大的特点是什么呢？
在以前试图建立透明大脑的技术中，各组织非常脆弱；但在CLARITY中，这些组织足够坚固，科学家可以多次将不同标记渗入其中，进而将其冲出，并使大脑重复成像。

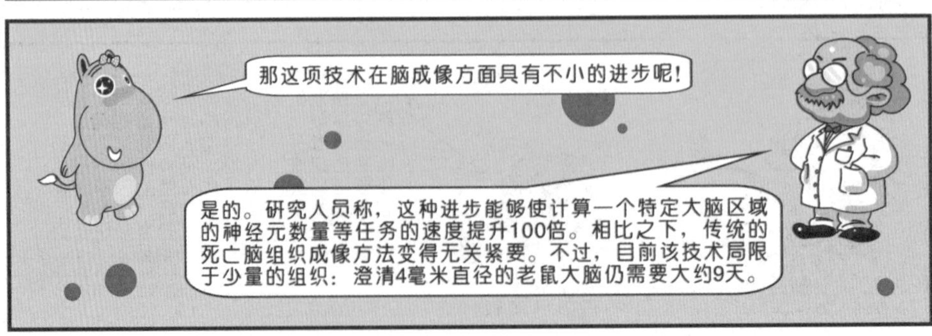
那这项技术在脑成像方面具有不小的进步呢！
是的。研究人员称，这种进步能够使计算一个特定大脑区域的神经元数量等任务的速度提升100倍。相比之下，传统的死亡脑组织成像方法变得无关紧要。不过，目前该技术局限于少量的组织：澄清4毫米直径的老鼠大脑仍需要大约9天。

11 首张人脑超清三维图谱问世

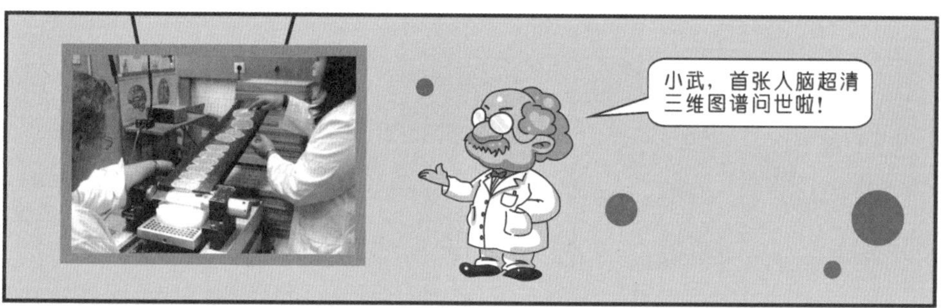
小武，首张人脑超清三维图谱问世啦！

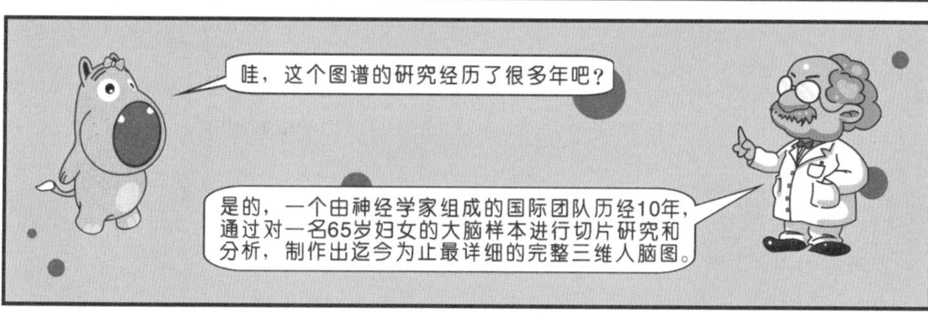
哇，这个图谱的研究经历了很多年吧？
是的，一个由神经学家组成的国际团队历经10年，通过对一名65岁妇女的大脑样本进行切片研究和分析，制作出迄今为止最详细的完整三维人脑图。

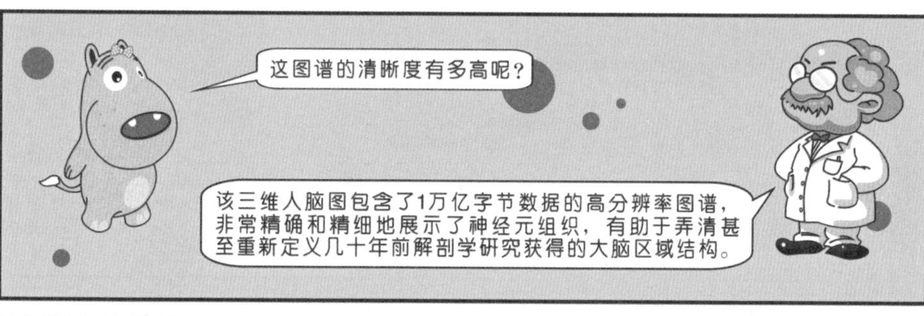
这图谱的清晰度有多高呢？
该三维人脑图包含了1万亿字节数据的高分辨率图谱，非常精确和精细地展示了神经元组织，有助于弄清甚至重新定义几十年前解剖学研究获得的大脑区域结构。

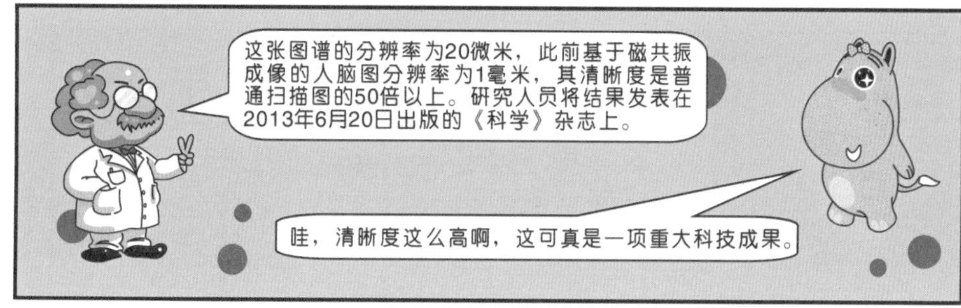
这张图谱的分辨率为20微米，此前基于磁共振成像的人脑图分辨率为1毫米，其清晰度是普通扫描图的50倍以上。研究人员将结果发表在2013年6月20日出版的《科学》杂志上。
哇，清晰度这么高啊，这可真是一项重大科技成果。

12 科学家开发出机能大脑模型

小武，加拿大科学家开发出“人造大脑”啦！
啊！人造大脑？

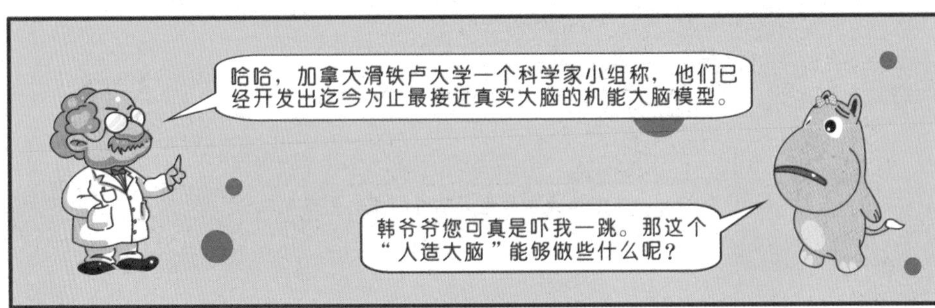
哈哈，加拿大滑铁卢大学一个科学家小组称，他们已经开发出迄今为止最接近真实大脑的机能大脑模型。
韩爷爷您可真是吓我一跳。那这个“人造大脑”能够做些什么呢？

这个利用超级电脑运行的模拟大脑拥有的一个数码眼睛，可用来进行视觉输入，它的机械臂能绘制出它对视觉输入做出的反应。这个模拟大脑非常先进，它甚至能通过基本IQ测试。这个名叫Spaun的大脑由250万个模拟神经元组成，它能执行8种不同类型的任务。

都是些什么任务啊？
这些任务的范围从描摹到计算，再到问题回答和流体推理，可谓五花八门。随后机械臂会描绘出任务输出。

13 人造“大脑”

韩爷爷，我最近还听到别人讨论人造“大脑”。
你说的应该是IBM公司与其他几家公司的电脑工程师研制出的世界上第一个大尺寸神经形态芯片，在设计上能够以与人类大脑类似的方式处理信息。

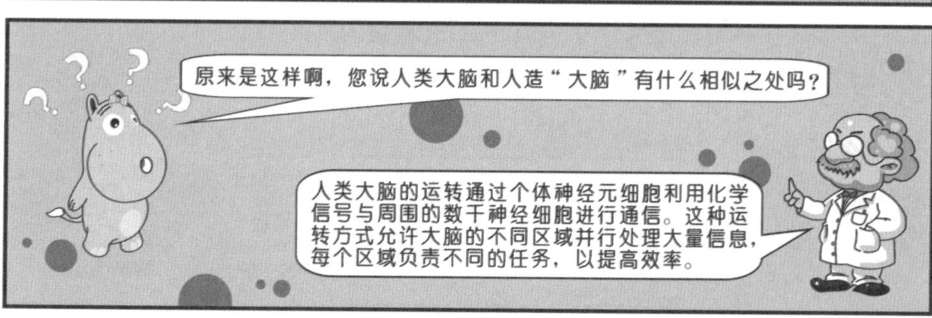
原来是这样啊，您说人类大脑和人造“大脑”有什么相似之处吗？
人类大脑的运转通过个体神经元细胞利用化学信号与周围的数千神经细胞进行通信。这种运转方式允许大脑的不同区域并行处理大量信息，每个区域负责不同的任务，以提高效率。

人类的大脑是一个异常复杂的网络，由大约1000亿个神经元细胞构成，神经元细胞由100万亿个突触相连。IBM的神经形态芯片TrueNorth利用54亿个晶体管和2.56亿个突触模拟人类大脑的结构，构成了一个更为复杂的网络。

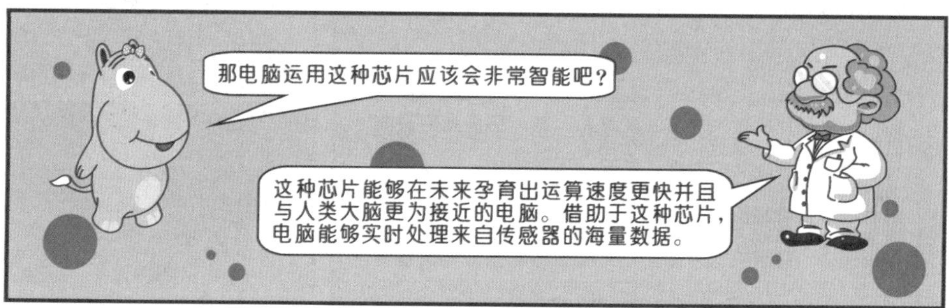
那电脑运用这种芯片应该会非常智能吧？
这种芯片能够在未来孕育出运算速度更快并且与人类大脑更为接近的电脑。借助于这种芯片，电脑能够实时处理来自传感器的海量数据。

14 机器人“自主”合作

我要是有一台机器人就好了，这样就可以帮妈妈做家务，帮爸爸搬运东西。
机器人的发展越来越快，能做的事情可多了。小武，你知道吗，科学家研制的自组织机器人能够协同工作，建造高塔、城堡和金字塔等建筑呢！

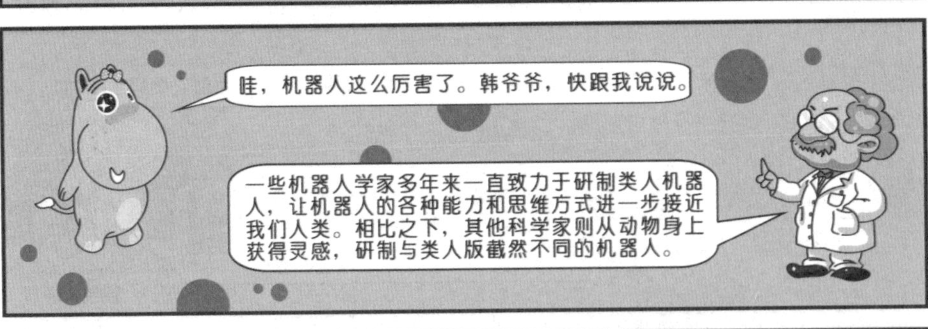
哇，机器人这么厉害了。韩爷爷，快跟我说说。
一些机器人学家多年来一直致力于研制类人机器人，让机器人的各种能力和思维方式进一步接近我们人类。相比之下，其他科学家则从动物身上获得灵感，研制与类人版截然不同的机器人。

哈佛大学的科学家从白蚁身上获得启发，研制出能够在没有人类干预下协同工作，建造简单结构的微型机器人群。美国的另一支研究小组打造了一个庞大的机器人群，每台的尺寸与一枚硬币相当，数量达到数千台。这些机器人能够组成方形、字母以及其他两维图案。
另一项研究计划使用十架四旋翼无人机，它们报告彼此的方位并作相应调整，防止在编队飞行过程中发生碰撞，最后形成一个旋转的圆圈。在另一项实验中，一支机器人船队上演较为复杂的群体机动，整个过程由利用摄像机对其进行追踪的中央电脑下达指令。这些研究成果意味着机器人群能在将来的某天完成只有人类才能完成的复杂任务，甚至被送入太空，不知疲倦地执行维修任务。

15 世界第一台碳纳米管计算机建成

小武，你一向很好学，韩爷爷有个问题要考考你。
啊？会不会太难呀？那您出招吧。

你知道碳纳米管计算机芯片吗？
这个——呃——好像，好像听说过吧。

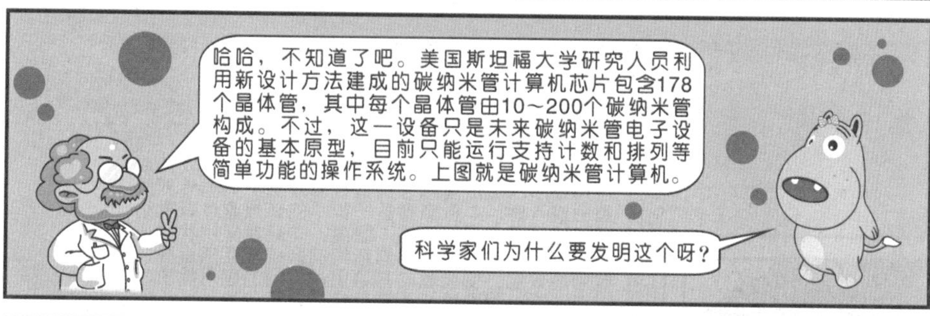
哈哈，不知道了吧。美国斯坦福大学研究人员利用新设计方法建成的碳纳米管计算机芯片包含178个晶体管，其中每个晶体管由10～200个碳纳米管构成。不过，这一设备只是未来碳纳米管电子设备的基本原型，目前只能运行支持计数和排列等简单功能的操作系统。上图就是碳纳米管计算机。
科学家们为什么要发明这个呀？

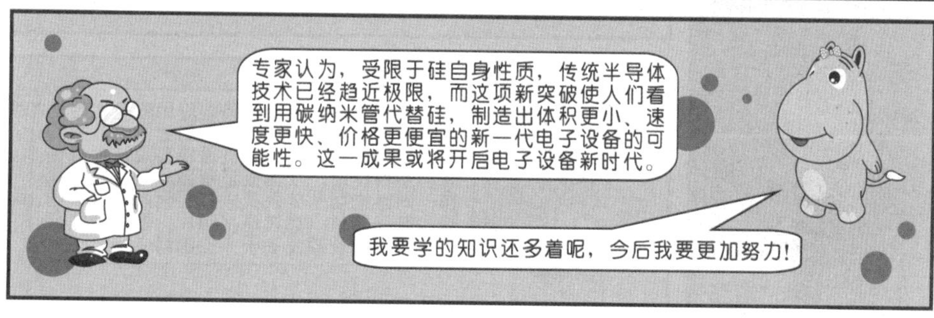
专家认为，受限于硅自身性质，传统半导体技术已经趋近极限，而这项新突破使人们看到用碳纳米管代替硅，制造出体积更小、速度更快、价格更便宜的新一代电子设备的可能性。这一成果或将开启电子设备新时代。
我要学的知识还多着呢，今后我要更加努力！

16 从拟态章鱼到拟态计算机

哇，这不是自然界中的顶级伪装高手拟态章鱼吗。据说这种身体非常软的动物可以任意改变颜色和形状，正常体色是带着斑点的褐色，可模拟各种环境和其他海洋生物，比如比目鱼和海蛇等。
小武，你听说过拟态计算机吗？中国科学家就是受此启发，首次提出一种新型架构高效能计算机。

噢？您能给我具体讲解一下吗？
中国工程院院士邬江兴带领科研团队，联合国内外十余家单位，提出拟态计算新理论，并成功研制出世界首台结构动态可变的拟态计算机。

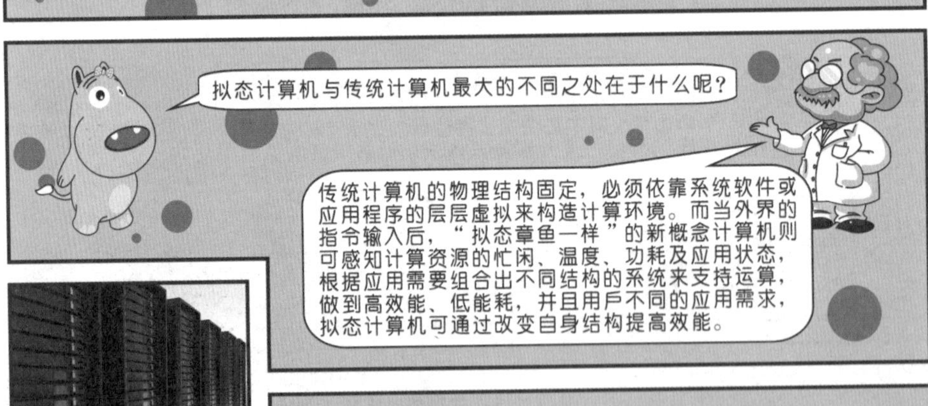
拟态计算机与传统计算机最大的不同之处在于什么呢？
传统计算机的物理结构固定，必须依靠系统软件或应用程序的层层虚拟来构造计算环境。而当外界的指令输入后，“拟态章鱼一样”的新概念计算机则可感知计算资源的忙闲、温度、功耗及应用状态，根据应用需要组合出不同结构的系统来支持运算，做到高效能、低能耗，并且用户不同的应用需求，拟态计算机可通过改变自身结构提高效能。

测试表明，拟态计算机典型应用效能比传统高性能计算机提升了十几倍到上百倍。它的研制成功，使我国计算机领域实现从跟随创新到引领创新，从集成创新到原始创新的跨越；同时也可从体系技术层面有效破解我国核心电子器材、高端通用芯片、基础软件产品等软硬件长期受制于人的困局。

 全球首台云计算机“紫云1000”在中国问世

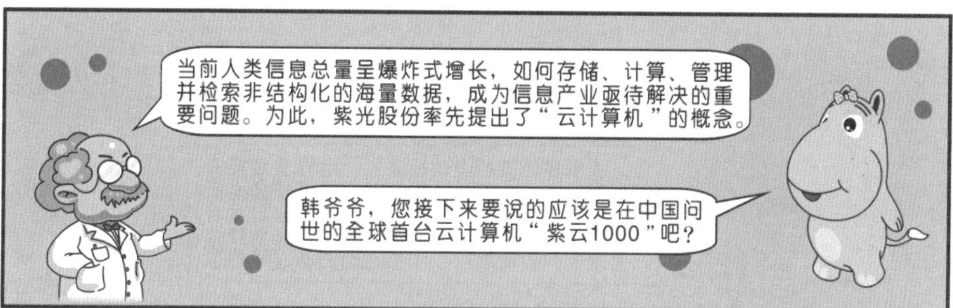
当前人类信息总量呈爆炸式增长，如何存储、计算、管理并检索非结构化的海量数据，成为信息产业亟待解决的重要问题。为此，紫光股份率先提出了“云计算机”的概念。
韩爷爷，您接下来要说的应该是在中国问世的全球首台云计算机“紫云1000”吧？

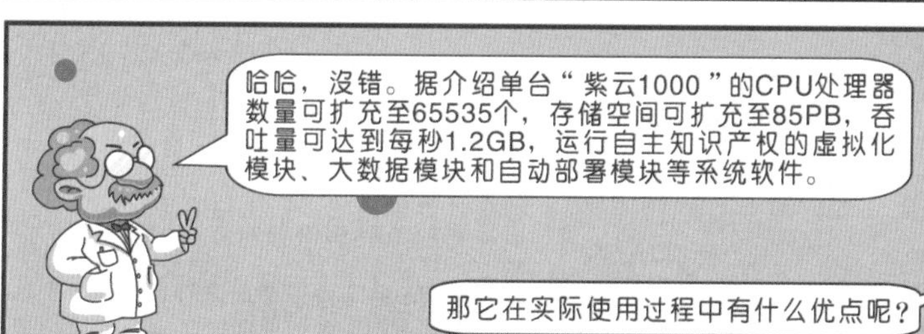
哈哈，没错。据介绍单台“紫云1000”的CPU处理器数量可扩充至65535个，存储空间可扩充至85PB，吞吐量可达到每秒1.2GB，运行自主知识产权的虚拟化模块、大数据模块和自动部署模块等系统软件。
那它在实际使用过程中有什么优点呢？

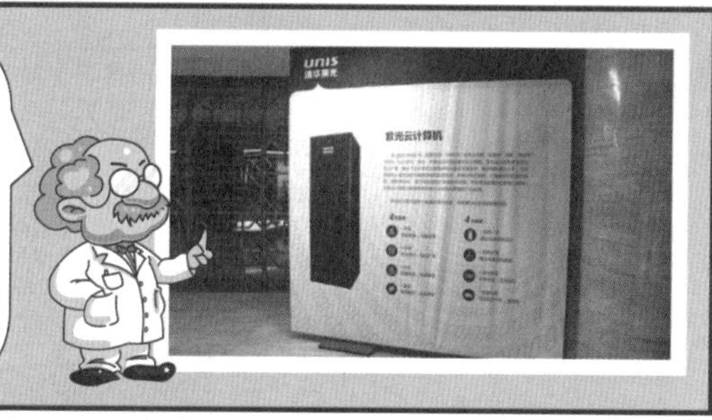
“紫云1000”将带来全新的用户体验：完全开放式的特性兼容各种通用硬件和各类行业应用软件；存储和计算能力可根据客户需求动态伸缩，无限扩张；与传统IT系统部署相比，可节省90%以上的时间。例如，用传统的硬件和软件部署一个云计算大数据系统，需要十人以上的熟练技术团队，耗费一个月甚至几个月；但如果使用云计算机，一名熟练技术人员几小时即可完成。

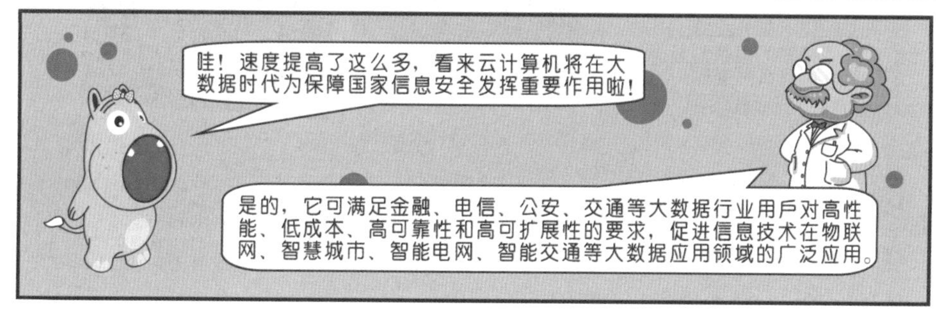
哇！速度提高了这么多，看来云计算机将在大数据时代为保障国家信息安全发挥重要作用啦！
是的，它可满足金融、电信、公安、交通等大数据行业用户对高性能、低成本、高可靠性和高可扩展性的要求，促进信息技术在物联网、智慧城市、智能电网、智能交通等大数据应用领域的广泛应用。

18 天河二号获世界超算“五连冠”

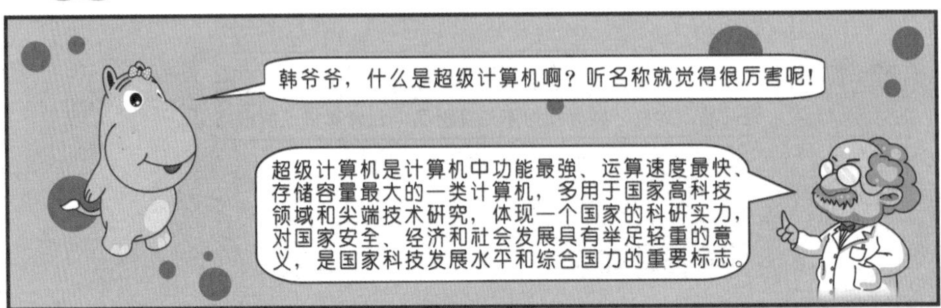
韩爷爷，什么是超级计算机啊？听名称就觉得很厉害呢！
超级计算机是计算机中功能最强、运算速度最快、存储容量最大的一类计算机，多用于国家高科技领域和尖端技术研究，体现一个国家的科研实力，对国家安全、经济和社会发展具有举足轻重的意义，是国家科技发展水平和综合国力的重要标志。

那中国有超级计算机吗？
当然了，而且还处于国际领先水平呢。2015年7月13日，在德国法兰克福召开的“2015国际超级计算大会”上，由国防科技大学研制的天河二号超级计算机系统，在国际TOP500组织发布的第45届世界超算500强排行榜上，再次位居第一。这是天河二号自2013年6月问世以来，连续第5次位居世界超算500强榜首呢！

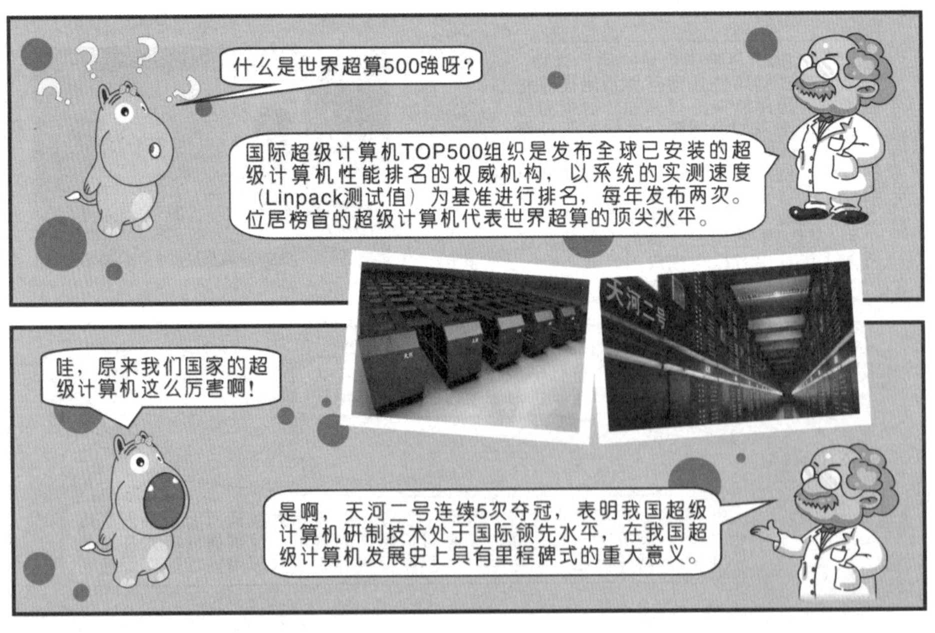
什么是世界超算500强呀？
国际超级计算机TOP500组织是发布全球已安装的超级计算机性能排名的权威机构，以系统的实测速度（Linpack测试值）为基准进行排名，每年发布两次。位居榜首的超级计算机代表世界超算的顶尖水平。
天河二号
哇，原来我们国家的超级计算机这么厉害啊！
是啊，天河二号连续5次夺冠，表明我国超级计算机研制技术处于国际领先水平，在我国超级计算机发展史上具有里程碑式的重大意义。

19 天河二号连续第六度称雄

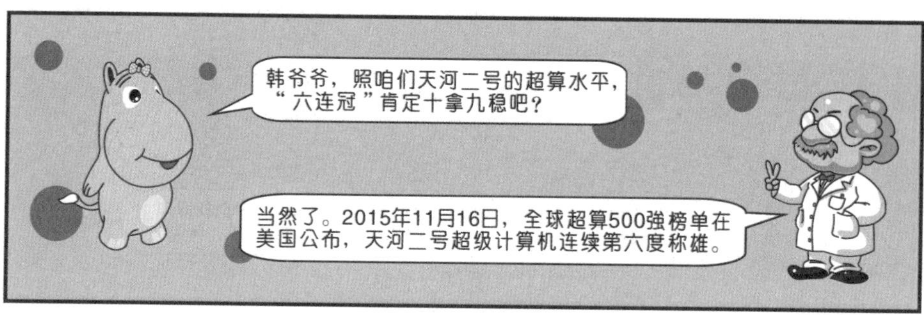
韩爷爷，照咱们天河二号的超算水平，“六连冠”肯定十拿九稳吧？
当然了。2015年11月16日，全球超算500强榜单在美国公布，天河二号超级计算机连续第六度称雄。

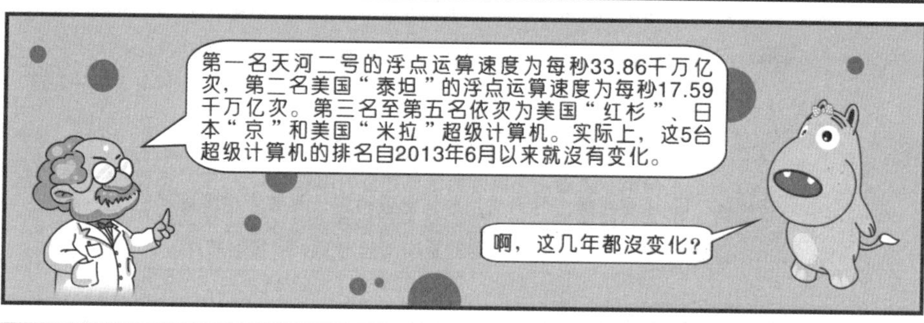
第一名天河二号的浮点运算速度为每秒33.86千万亿次，第二名美国“泰坦”的浮点运算速度为每秒17.59千万亿次。第三名至第五名依次为美国“红杉”、日本“京”和美国“米拉”超级计算机。实际上，这5台超级计算机的排名自2013年6月以来就没有变化。
啊，这几年都没变化？

这次一个引人注目的变化是，中国入围这一榜单的超算数量比上期激增了近两倍，而美国上榜数量却降至历史最新低。
我听说这天河二号造价抵得上一座广州塔呢！

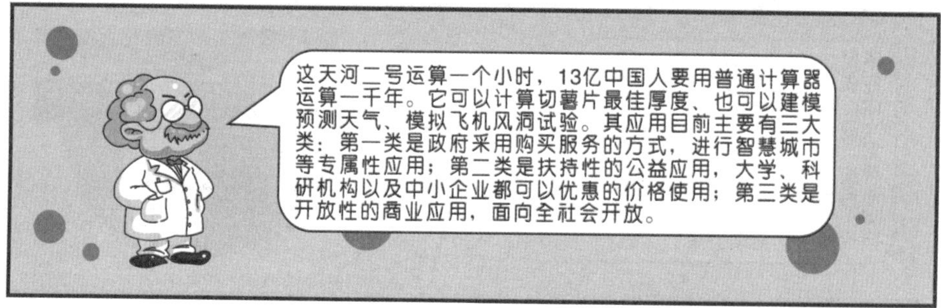
这天河二号运算一个小时，13亿中国人要用普通计算器运算一千年。它可以计算切薯片最佳厚度、也可以建模预测天气、模拟飞机风洞试验。其应用目前主要有三大类：第一类是政府采用购买服务的方式，进行智慧城市等专属性应用；第二类是扶持性的公益应用，大学、科研机构以及中小企业都可以优惠的价格使用；第三类是开放性的商业应用，面向全社会开放。

20 神威·太湖之光超级计算机夺冠

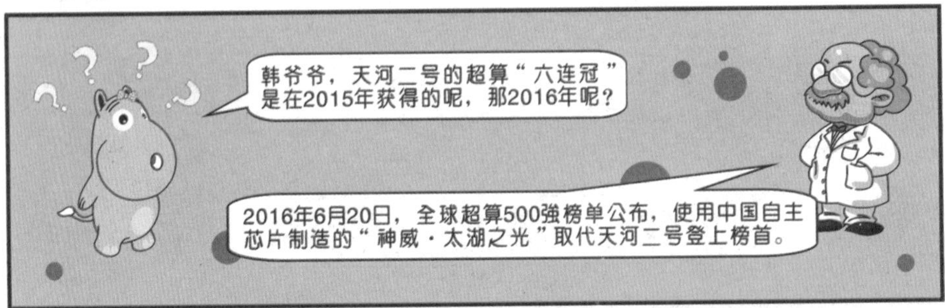
韩爷爷，天河二号的超算“六连冠”是在2015年获得的呢，那2016年呢？
2016年6月20日，全球超算500强榜单公布，使用中国自主芯片制造的“神威·太湖之光”取代天河二号登上榜首。

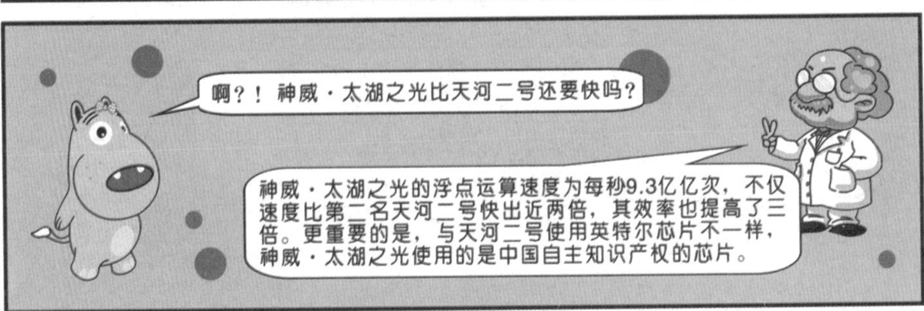
啊？！神威·太湖之光比天河二号还要快吗？
神威·太湖之光的浮点运算速度为每秒9.3亿亿次，不仅速度比第二名天河二号快出近两倍，其效率也提高了三倍。更重要的是，与天河二号使用英特尔芯片不一样，神威·太湖之光使用的是中国自主知识产权的芯片。

哇，神威·太湖之光这么厉害啊！
此次榜单还有一个重大变动是，美国入围的超级计算机总数量首次跌下第一位置，中国的上榜总数量有史以来超过美国名列第一。

不仅如此，2016年11月14日，在新一期全球超算500强榜单中，中国神威·太湖之光以较大的运算速度优势轻松蝉联冠军。而且，我国科研人员依托神威·太湖之光超级计算机的应用成果首次荣获戈登·贝尔奖，实现了我国高性能计算应用成果在该奖项上零的突破。

第七章

红雨随心翻作浪　青山着意化为桥

1 为什么睡觉

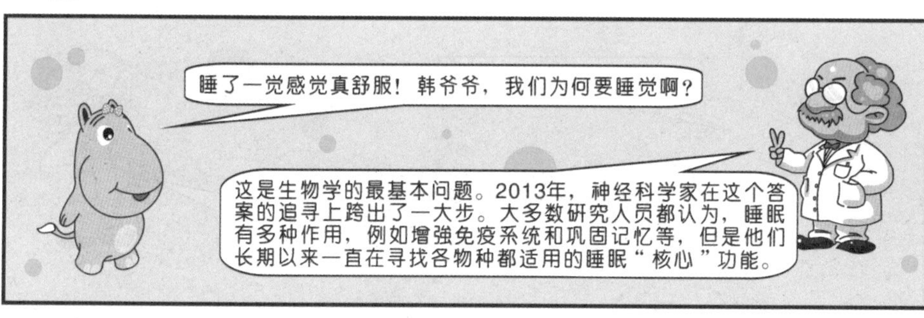
睡了一觉感觉真舒服！韩爷爷，我们为何要睡觉啊？
这是生物学的最基本问题。2013年，神经科学家在这个答案的追寻上跨出了一大步。大多数研究人员都认为，睡眠有多种作用，例如增强免疫系统和巩固记忆等，但是他们长期以来一直在寻找各物种都适用的睡眠“核心”功能。

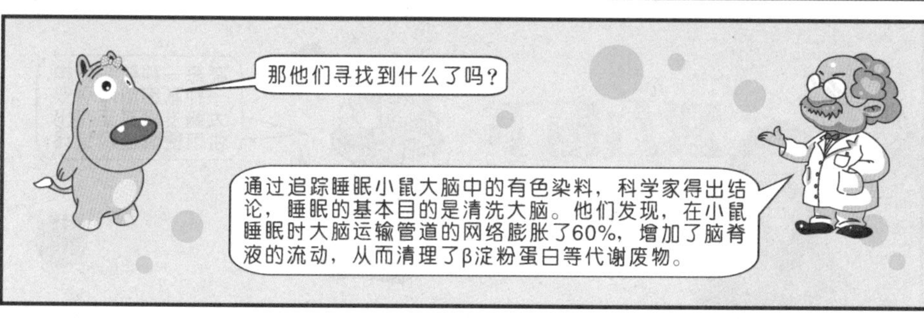
那他们寻找到什么了吗？
通过追踪睡眠小鼠大脑中的有色染料，科学家得出结论，睡眠的基本目的是清洗大脑。他们发现，在小鼠睡眠时大脑运输管道的网络膨胀了60%，增加了脑脊液的流动，从而清理了β淀粉蛋白等代谢废物。

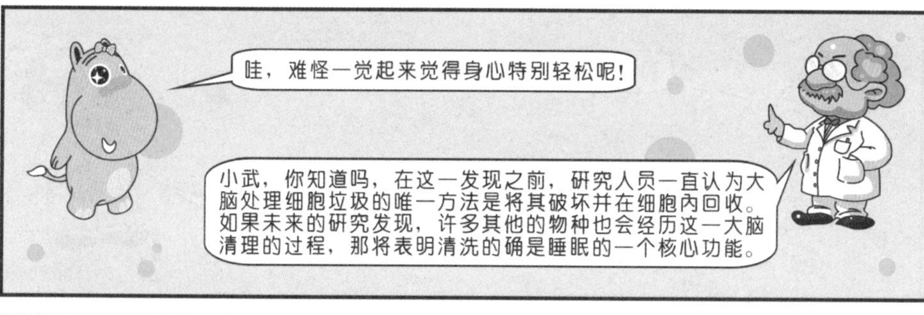
哇，难怪一觉起来觉得身心特别轻松呢！
小武，你知道吗，在这一发现之前，研究人员一直认为大脑处理细胞垃圾的唯一方法是将其破坏并在细胞内回收。如果未来的研究发现，许多其他的物种也会经历这一大脑清理的过程，那将表明清洗的确是睡眠的一个核心功能。

那要是经常睡眠不足，会对身体造成负面影响吧？
新发现说明，睡眠不足也许在神经疾病的发展中发挥着作用。但是由于其因果关系尚不确定，人们担心这一问题还为时过早。

② 治疗智力障碍

韩爷爷，智障可以治疗吗？
长期以来，由雷特综合征、脆X染色体综合征和唐氏综合征导致的认知障碍与行为问题，一直被认为是不可逆转的。

智力低下
治好了！
在每一种综合征中，一种基因故障导致大脑发育甚至在出生前便会出现错误。

那最近有这方面的研究成果吗？
最近对这些疾病的小鼠模型进行的研究表明，一些认知和行为症状能够非比寻常地加以逆转。

真的吗？那对于人类会有什么效果呢？
对大脑中的目标生长因子或神经递质受体的治疗如今正在进行临床试验。

❸ 发现12种与阿尔茨海默病有关的基因

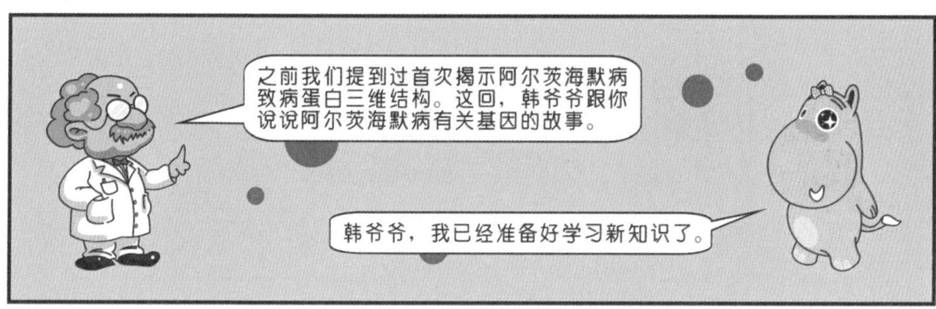
之前我们提到过首次揭示阿尔茨海默病致病蛋白三维结构。这回，韩爷爷跟你说说阿尔茨海默病有关基因的故事。
韩爷爷，我已经准备好学习新知识了。

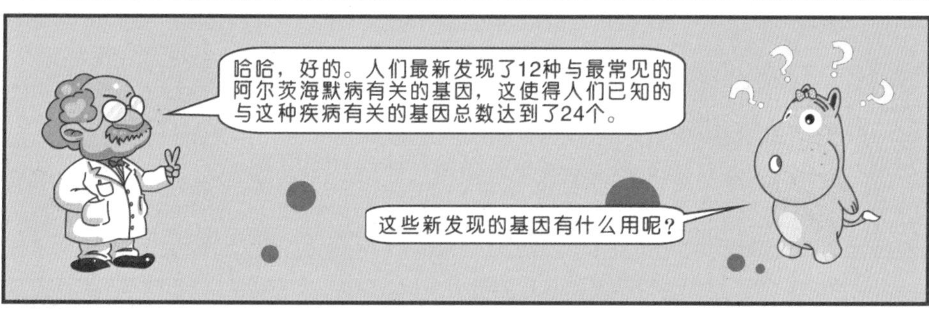
哈哈，好的。人们最新发现了12种与最常见的阿尔茨海默病有关的基因，这使得人们已知的与这种疾病有关的基因总数达到了24个。
这些新发现的基因有什么用呢？

新发现的基因与身体的免疫反应和炎症有关，这两种情况都与阿尔茨海默病引起的大脑变化有关。你看，左图是阿尔茨海默病的相关图片。

发现的相关基因越多，科学家们就越有希望研制出药物，治疗由该疾病导致的记忆受损和痴呆等症状。
真希望科学家们能够通过各项医学研究发现更多相关的基因。

研制出减肥灵药

昨天我告诉同学，没有一种神奇的减肥药能够让肥胖人群瞬间减掉多余赘肉，这是一条永恒不变的真理。
哈哈，希望依靠药物减肥的人早在2011年就看到了希望喔！

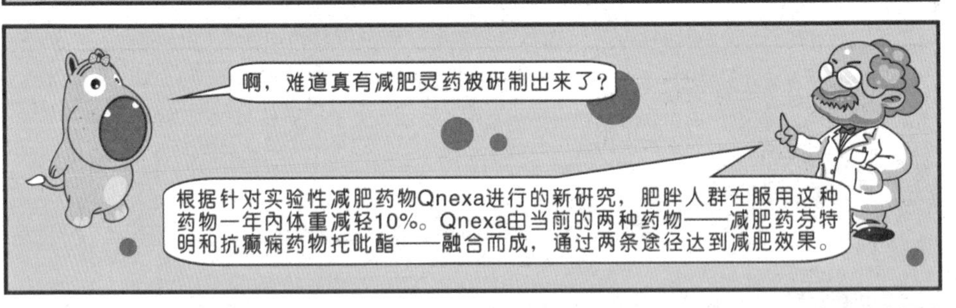
啊，难道真有减肥灵药被研制出来了？
根据针对实验性减肥药物Qnexa进行的新研究，肥胖人群在服用这种药物一年内体重减轻10%。Qnexa由当前的两种药物——减肥药芬特明和抗癫痫药物托吡酯——融合而成，通过两条途径达到减肥效果。

芬特明和托吡酯两者融合？
对。芬特明与苯丙胺类似，能够降低食欲，但长期服用的安全性仍存在争议。托吡酯通过调节大脑中神经间的电信号联系抑制癫痫发作，同时也能通过调节大脑活动影响食欲和身体燃烧热量的能力。除了体重减轻外，服用Qnexa的患者血压、血糖和胆固醇水平也处于下降趋势，所有这些都能降低心脏病患病风险。

当然，科学家仍需验证这种药物的安全性和有效性。2011年秋季，美国食品与药物管理局拒绝批准Qnexa上市，同时要求研制这种药物的公司进行进一步的安全性研究，尤其是潜在的心脏病和出生缺陷风险。这一年，美国休士顿M.D.安德森癌症中心的科学家测试了一种称为adipotide的注射型混合物。测试结果显示，这种立基于癌症研究的药物在短短一个月内让猴子的体重下降11%。

5 体外活化产生健康的卵子

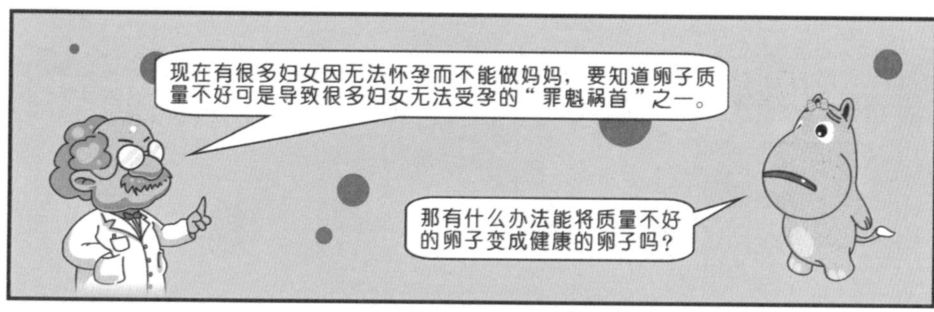
现在有很多妇女因无法怀孕而不能做妈妈，要知道卵子质量不好可是导致很多妇女无法受孕的“罪魁祸首”之一。
那有什么办法能将质量不好的卵子变成健康的卵子吗？

美国斯坦福大学的研究人员研发出了一项技术，能够帮助那些卵巢功能不全的妇女再次产生健康且成熟的卵子。
这是项什么技术呢？

健康的卵子
这个名为体外活化的过程包括将一个卵子或者卵巢组织取出，在实验室用蛋白质和其他因子对其进行处理，帮助其所含的不成熟卵泡发育成卵子；然后，再将经过处理的组织重新移植到输卵管附近。

现在这项技术有成功的案例吗？
迄今为止，二十七名参与了治疗实验的志愿者中，有五名妇女产生了可用的卵子，一名妇女怀孕，另一名妇女产下了一个健康婴儿。

6 能测出怀孕多久的验孕棒

听说现在好多妇女都使用验孕棒查验是否怀孕。
小武，你想象过验孕棒可以检测出怀孕多久吗？

啊？！验孕棒好像只能检测出有没有怀孕吧！
哈哈，小武你落伍了。怀孕检测技术又更上一层楼啦！

韩爷爷，您别嘲笑我了，快跟我说说，真有能检测出怀孕时间的验孕棒吗？
是的。能够显示周数的可丽蓝（Clearblue）高级验孕棒是第一支获得美国食品和药物管理局（FDA）批准的此类测试产品，其不仅能检测是否怀孕，还能基于排卵后的时间测出怀孕多久。

那可太先进了，女性消费者们肯定很乐意使用这种验孕棒。

治疗高胆固醇血症的重大变革

韩爷爷，听说治疗高胆固醇血症取得重大变革了。
是的。美国心脏病协会和美国心脏病学院联合发布了新的高胆固醇血症治疗指南。

噢？新的治疗指南？
是的，除了关注高的胆固醇水平值外，修订后的建议仍然把重点放在诱发心脏病的诸多因素以及治疗心脏病的最好疗法上。

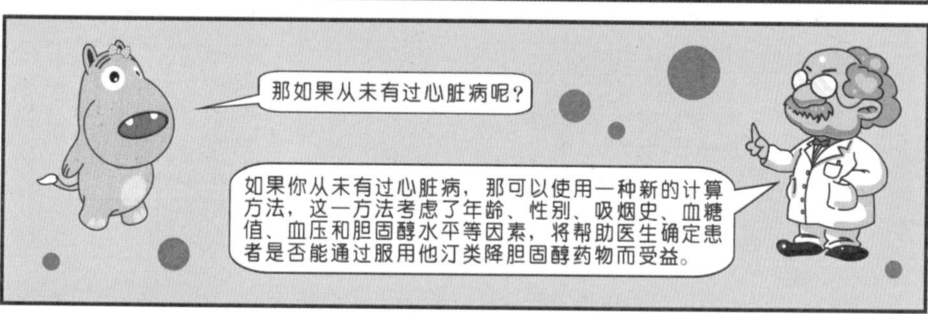
那如果从未有过心脏病呢？
如果你从未有过心脏病，那可以使用一种新的计算方法，这一方法考虑了年龄、性别、吸烟史、血糖值、血压和胆固醇水平等因素，将帮助医生确定患者是否能通过服用他汀类降胆固醇药物而受益。

这些药物能够预防一些疾病的发生吗？
对，这些药物能预防首次心脏病发作甚至中风发作。

 可治糖尿病的细胞

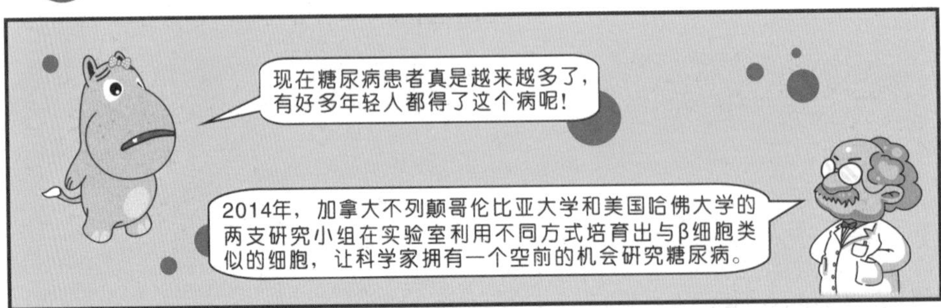
现在糖尿病患者真是越来越多了，有好多年轻人都得了这个病呢！
2014年，加拿大不列颠哥伦比亚大学和美国哈佛大学的两支研究小组在实验室利用不同方式培育出与β细胞类似的细胞，让科学家拥有一个空前的机会研究糖尿病。

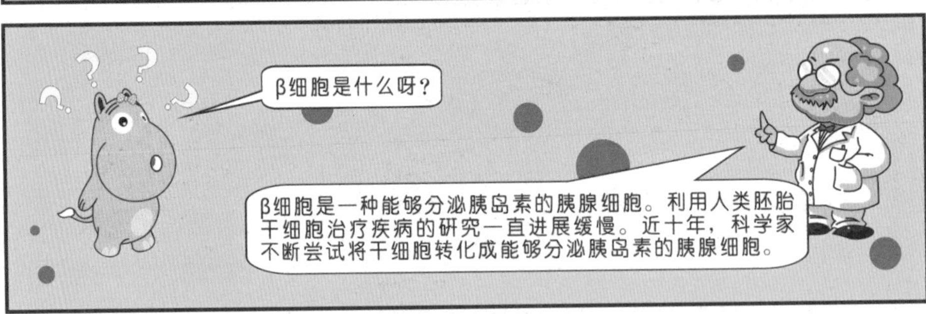
β细胞是什么呀？
β细胞是一种能够分泌胰岛素的胰腺细胞。利用人类胚胎干细胞治疗疾病的研究一直进展缓慢。近十年，科学家不断尝试将干细胞转化成能够分泌胰岛素的胰腺细胞。

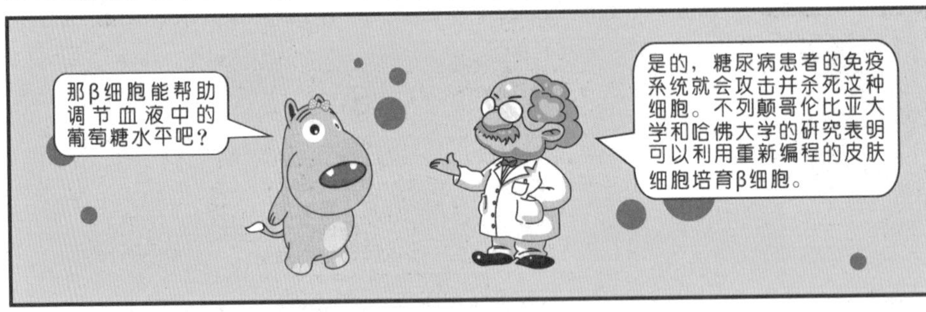
那β细胞能帮助调节血液中的葡萄糖水平吧？
是的，糖尿病患者的免疫系统就会攻击并杀死这种细胞。不列颠哥伦比亚大学和哈佛大学的研究表明可以利用重新编程的皮肤细胞培育β细胞。

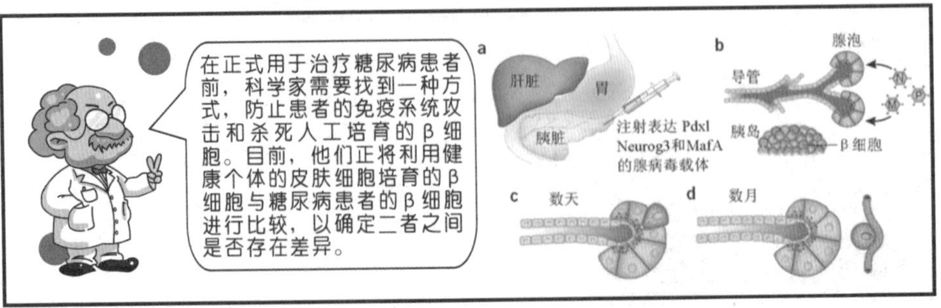
在正式用于治疗糖尿病患者前，科学家需要找到一种方式，防止患者的免疫系统攻击和杀死人工培育的β细胞。目前，他们正将利用健康个体的皮肤细胞培育的β细胞与糖尿病患者的β细胞进行比较，以确定二者之间是否存在差异。
a
肝脏
胃
胰脏
注射表达 Pdx1 Neurog3和MafA的腺病毒载体
b
腺泡
导管
胰岛
β细胞
c 数天
d 数月

9 验血可预测死亡风险

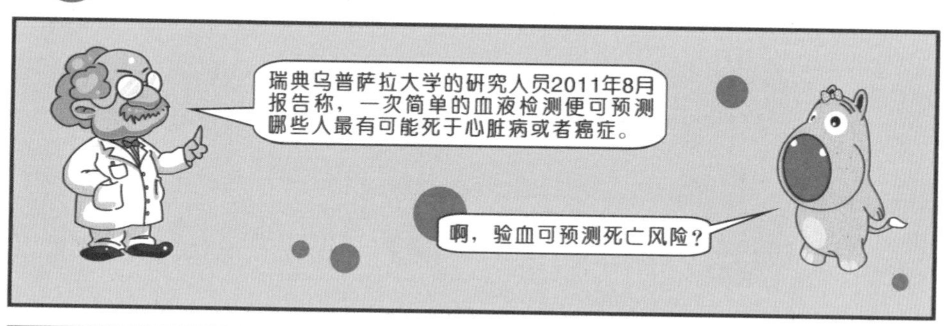
瑞典乌普萨拉大学的研究人员2011年8月报告称，一次简单的血液检测便可预测哪些人最有可能死于心脏病或者癌症。
啊，验血可预测死亡风险？

通过一项为期12年，由近2000人参与的研究，他们发现组织蛋白酶S水平越高的人死亡风险越高。
酶S？

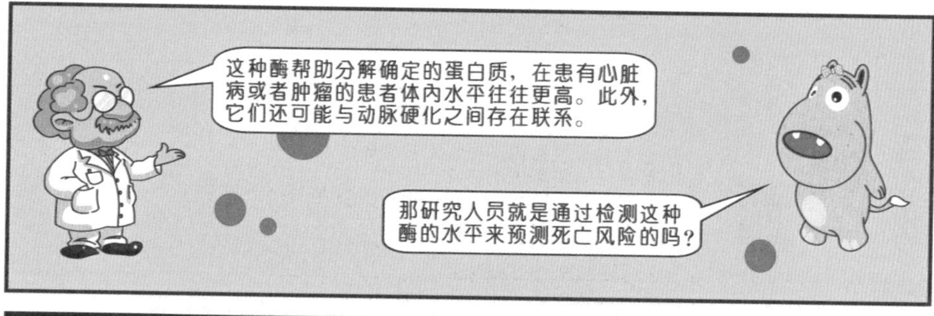
这种酶帮助分解确定的蛋白质，在患有心脏病或者肿瘤的患者体内水平往往更高。此外，它们还可能与动脉硬化之间存在联系。
那研究人员就是通过检测这种酶的水平来预测死亡风险的吗？

可以这么说，组织蛋白酶S水平越高的人越有可能死于这些疾病。毫不令人感到惊讶的是，这种酶在脂肪组织中的水平较高，因而超重是导致心脏问题的一个重要因素。目前尚不清楚组织蛋白酶S如何影响心脏病或者癌症，制药公司正在进行研究，寻找能够遏制组织蛋白酶S的化合物。

10 唾液检测可鉴定死者年龄

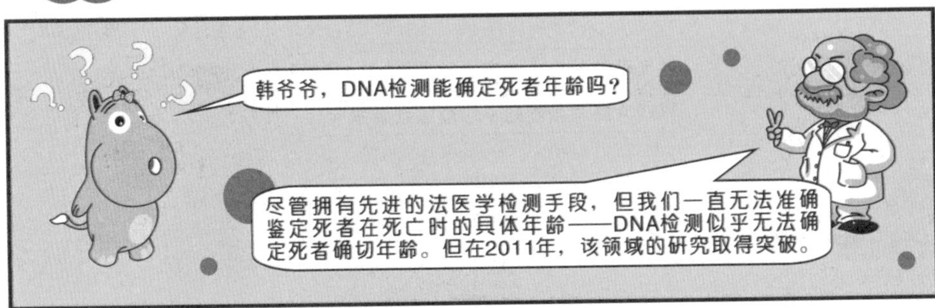
韩爷爷，DNA检测能确定死者年龄吗？
尽管拥有先进的法医学检测手段，但我们一直无法准确鉴定死者在死亡时的具体年龄——DNA检测似乎无法确定死者确切年龄。但在2011年，该领域的研究取得突破。

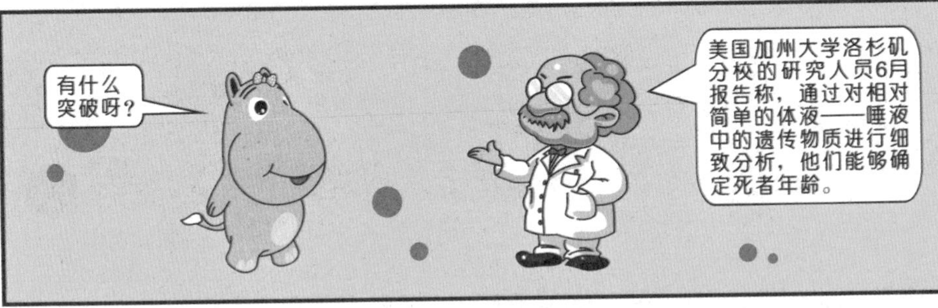
有什么突破呀？
美国加州大学洛杉矶分校的研究人员6月报告称，通过对相对简单的体液——唾液中的遗传物质进行细致分析，他们能够确定死者年龄。

哇！他们是怎么进行研究的呢？
研究过程中，他们将目光聚焦唾液中DNA发生的外遗传变化。这些变化由饮食、压力、光照、致癌物质以及毒素等环境影响所致，不仅改变了DNA，同时也会影响基因组——影响基因的开启和关闭。

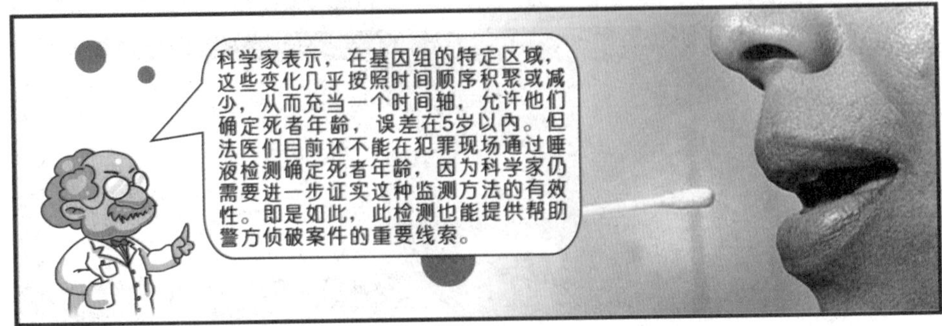
科学家表示，在基因组的特定区域，这些变化几乎按照时间顺序积聚或减少，从而充当一个时间轴，允许他们确定死者年龄，误差在5岁以内。但法医们目前还不能在犯罪现场通过唾液检测确定死者年龄，因为科学家仍需要进一步证实这种监测方法的有效性。即是如此，此检测也能提供帮助警方侦破案件的重要线索。

11 微生物与健康

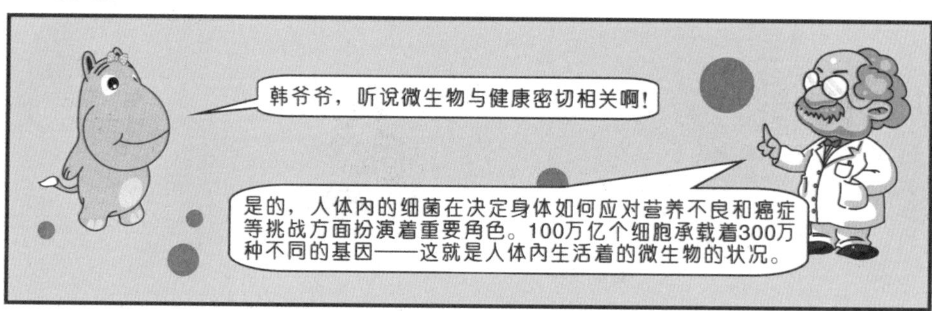
韩爷爷，听说微生物与健康密切相关啊！
是的，人体内的细菌在决定身体如何应对营养不良和癌症等挑战方面扮演着重要角色。100万亿个细胞承载着300万种不同的基因——这就是人体内生活着的微生物的状况。

目前有什么发现吗？
2013年，研究者追踪肠道微生物与癌症之间的一些联系。三个抗癌疗法被证明需要肠道细菌才能奏效；细菌可以帮助刺激免疫系统以应对药物治疗。

各种动物研究显示，这些看不见的生物深刻影响着身体对环境、疾病和医疗的反应。一个小鼠研究显示，由于肥胖小鼠体内产生一种损害DNA的细菌副产品，与肥胖相关的一种肝癌发生率会上升。新发现还证实了之前的猜测：梭菌属的肠道细菌对刺激结直肠肿瘤有重要作用。研究人员还得到了更多关于微生物影响免疫系统功能的提示。

微生物

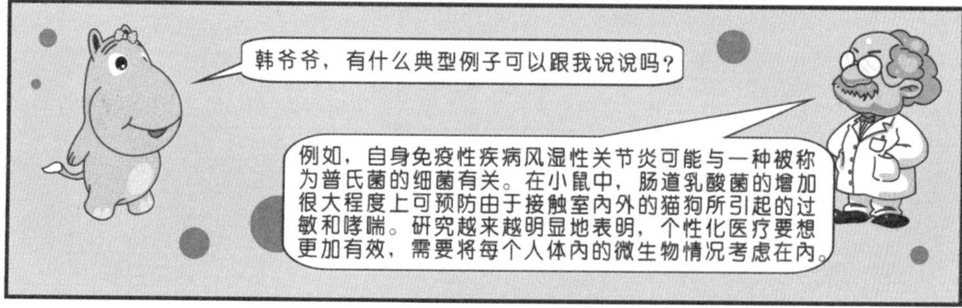
韩爷爷，有什么典型例子可以跟我说说吗？
例如，自身免疫性疾病风湿性关节炎可能与一种被称为普氏菌的细菌有关。在小鼠中，肠道乳酸菌的增加很大程度上可预防由于接触室内外的猫狗所引起的过敏和哮喘。研究越来越明显地表明，个性化医疗要想更加有效，需要将每个人体内的微生物情况考虑在内。

12 发明“粪便”药片

小武，科学家们最近发明了“粪便”药片。
啊？！“粪便”药片？

哈哈。别想歪了，这种药片实际上是由粪便中的细菌制成的。
可是这种药片能有什么作用呢？

你看，右图就是“粪便”药片。科学家们已经证明，我们的肠道內充满了各种有用的细菌，它们会帮助我们消化食物并对抗那些引发疾病的细菌。合适的细菌组合还可以帮助我们抵御容易引发腹泻或假膜性肠炎的艰难梭菌。

加拿大卡尔加里大学的托马斯·路易博士提出的将各种细菌制成药片的想法真可谓奇思妙想。27名试用了这一药片的艰难梭菌感染病患中，无一人再出现复发症状。
哇，这么管用，看来这可是项非常实用的发明啊！

13 年轻血液有“返老还童”功效

小武，你想象过吗，
年轻血液可能会有
“返老还童”功效。
啊？！这是真的吗？

科学家发现
通过注入年
轻血液，让
老年人的肌
肉和大脑恢
复青春活力
的可能性是
存在的。

根据哈佛大学科学家进行的研究，年轻老鼠血液含有
一种被称为GDF11的蛋白质，能够增强老年老鼠的肌
肉力量和耐力，此外还能促进大脑内的神经元生长。
另一支研究小组发现年轻血液——哪怕是没有细胞的
血浆——也能提高老年老鼠的空间记忆能力。你看，
上面2张图片就是该实验中的小白鼠和血液样本。

不知道这种方式
用在人类身上会
有怎样的效果呢？
目前，科学家正进行第一批
临床试验，共有18名中老年
阿尔茨海默病患者参加，注
射年轻成年人捐献的血浆。

14 直接长出新头发

现在好多人都爱掉头发呢。刚刚一路走过来，我发现好多男士都秃顶了，他们为此一定非常苦恼！

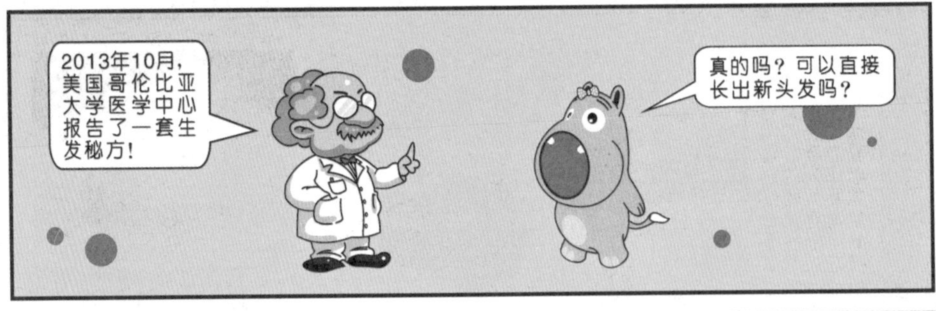
2013年10月，美国哥伦比亚大学医学中心报告了一套生发秘方！
真的吗？可以直接长出新头发吗？

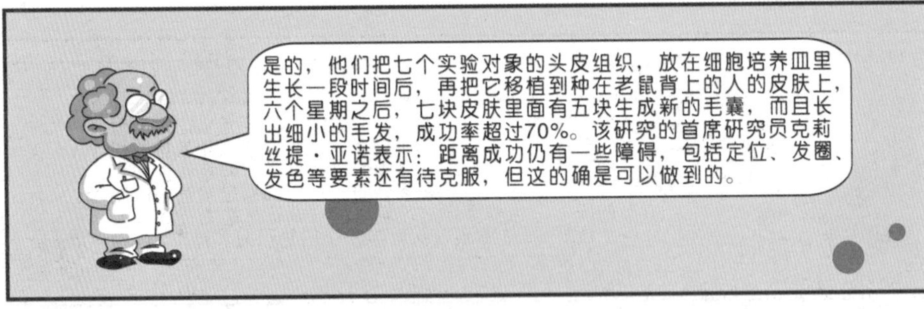
是的，他们把七个实验对象的头皮组织，放在细胞培养皿里生长一段时间后，再把它移植到种在老鼠背上的人的皮肤上，六个星期之后，七块皮肤里面有五块生成新的毛囊，而且长出细小的毛发，成功率超过70%。该研究的首席研究员克莉丝提・亚诺表示：距离成功仍有一些障碍，包括定位、发圈、发色等要素还有待克服，但这的确是可以做到的。

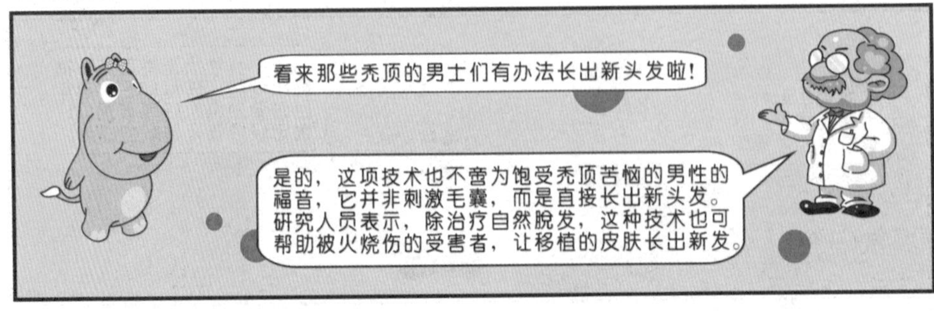
看来那些秃顶的男士们有办法长出新头发啦！
是的，这项技术也不啻为饱受秃顶苦恼的男性的福音，它并非刺激毛囊，而是直接长出新头发。研究人员表示，除治疗自然脱发，这种技术也可帮助被火烧伤的受害者，让移植的皮肤长出新发。

15 全球首个人工生物角膜成功完成临床试验

据世卫组织统计，全球角膜致盲患者超过千万。这些患者当中，绝大多数人可以通过角膜移植重见光明；但每年捐献角膜数量远远无法满足需要，不少患者只能被动地等待捐献。

我之前好像听说过“人造角膜”呢。

人造角膜是由人造高分子化学材料制成，组织相容性不佳，移植后容易出现排异反应。现在问世了全球首个人工生物角膜，它是一种新兴的生物材料，患者移植后可逐渐与自己原有的角膜组织整合，从而终身使用。这种人工生物角膜完全由我国科学家自主研发并拥有完整自主知识产权。

噢？人工生物角膜？

是的，人工生物角膜成功完成了临床试验，移植后总有效率近90%。武汉协和医院是国内五家参与临床试验的医院之一，近三年为47例试验者移植了人工生物角膜。临床试验的成功意味着，数百万角膜病患者将有更多机会留住光明。

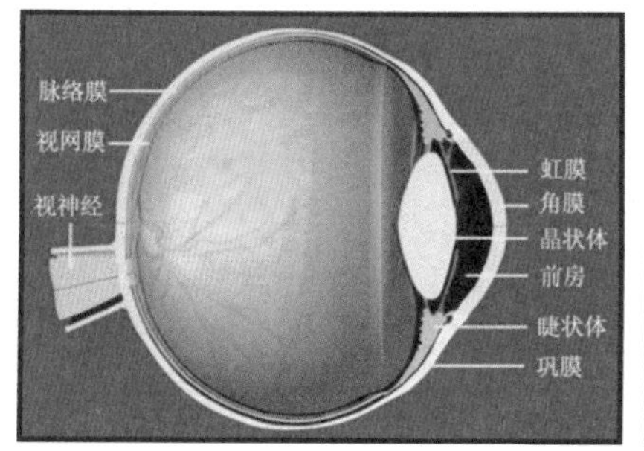
脉络膜
视网膜
视神经
虹膜
角膜
晶状体
前房
睫状体
巩膜

2015年4月底，国家食品药品监督管理总局为人工生物角膜“艾欣瞳”颁发医疗器械注册证书；5月23日，其正式投入生产。世界上唯一完成临床试验的生物工程角膜上市，将改变角膜移植手术中供体奇缺的困境，为无数患者带来光明。

第八章

数风流人物　还看今朝

中国氢弹之父于敏

小武，我来考考你。你知道“中国氢弹之父”是谁吗？

韩爷爷，您可太小看我了，这么杰出的人物我怎么可能不知道。他是两弹一星功勋奖章获得者于敏院士。听说他可是中国自主培养的核物理学家呢！

沒错。于敏是中国核武器研究和国防高技术发展的杰出领军人物之一，但于敏沒有出过国，在研制核武器的权威物理学家中，他几乎是唯一一个未曾留过学的人。他从一张白纸开始，依靠自己的勤奋，举一反三进行理论探索。

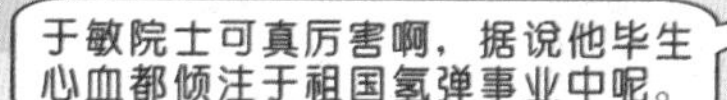
于敏院士可真厉害啊，据说他毕生
心血都倾注于祖国氢弹事业中呢。

小武，你知道吗？从理论到技术，氢弹都比原子弹复杂。从原子弹到氢弹，按照突破原理试验的时间比较，美国用了七年零三个月，英国四年零三个月，法国八年零六个月，苏联四年零三个月。主要一个原因就在于计算的繁复。

?
?
?
?

那咱们国家呢？于敏院士呢？

当时中国的设备落后，仅有一台每秒万次的电子管计算机，且95%的时间分配给有关原子弹的计算，只剩5%的时间留给氢弹。于敏记忆力惊人，他领导下的工作组人手一把计算尺，废寝忘食地计算。四年中，于敏、黄祖洽等科技人员提出研究成果报告69篇，对氢弹的许多基本现象和规律有了深刻的认识。他长期领导核武器理论研究、设计，解决了大量理论问题。

哇，这科学精神真让人称赞，难怪于敏一生获奖无数呢！

2 中国航天之父钱学森

提到中国氢弹之父，我必要说说被誉为“中国导弹之父”“中国航天之父”的钱学森先生了，他可是享誉海内外的科学家。

钱老我早有耳闻，他是我国航天事业的奠基人。1960年他指导设计的中国第一枚液体探空火箭发射成功；1964～1966年，他参与组织中国第一枚改进后的中近程地地导弹飞行试验和中国首次导弹与原子弹“两弹结合”试验……

那你知道1935年8月钱学森赴美深造，原本读的是航空工程专业，但在继续深造的问题上与他父亲发生了争论吗？钱学森打算下一步攻读航天理论，但父亲回信说还是研究飞机制造技术为好。钱学森则告诉父亲，中国在飞机制造领域与西方差得太多，只有掌握航天理论，才有超越西方的可能。钱学森就是这样一个怀揣着科学救国之梦的科学家。

那钱学森赴美留学，又是何时回国的呢？

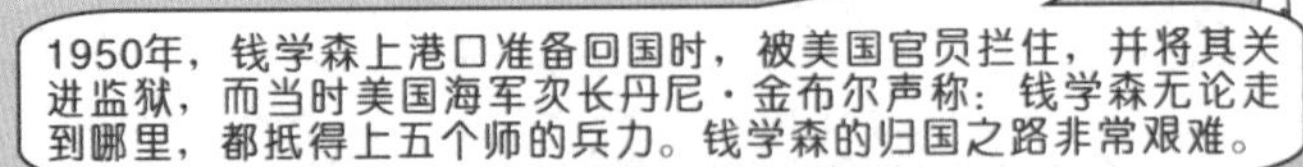
1950年，钱学森上港口准备回国时，被美国官员拦住，并将其关进监狱，而当时美国海军次长丹尼·金布尔声称：钱学森无论走到哪里，都抵得上五个师的兵力。钱学森的归国之路非常艰难。

啊？！那后来怎么样了？

经过新中国政府与美国外交谈判上历时五年的不断努力，甚至包括释放十一名在朝鲜战争中俘获的美军飞行员作为交换，1955年8月4日钱学森收到美国移民局允许他回国的通知。1955年10月1日清晨，钱学森一家终于回到了自己魂牵梦绕的故乡。

3 NASA工程师亚当·施特尔茨纳

小武，你可知道“好奇号的惊险七分钟”？

韩爷爷，您说的是好奇号火星车的登陆任务吧。因为这个火星车必须在七分钟内将速度从每小时两万千米降到零，这相当于把一辆时速为一百千米的汽车在两点一秒里停下来，且它必须平稳停在一个指定的范围里。

不错，今天韩爷爷给你说说美国航天局工程师亚当·施特尔茨纳（Adam Steltzner）博士。在好奇号火星车项目中，他是降落计划的总设计、再入下降和落地的主管。

施特尔茨纳博士能够领导好奇号火星车的登陆任务，一定是从小就有一个太空梦吧？

小武，那你可就大错特错了。施特尔茨纳博士成为好奇号火星车的首席指挥绝不是大家所想象的那样一帆风顺，因为他儿时是一名问题少年，那时候的愿望是成为一名摇滚乐明星。

啊？摇滚明星到“好奇号”登陆首席，这差别也太大了！

1984年的一天夜里，二十一岁的施特尔茨纳结束演出开车回家的路上仰望星空，突然发现自己对天上的星星，特别是猎户座产生了兴趣。这些星星的位置在他去演出前和演出后是不一样的，这让施特尔茨纳觉得自己对这个世界乃至宇宙一无所知，于是他开始了漫长而艰辛的求学之路。说起来，他的经历可是一个非常好的励志故事呢！

所以说，只要肯用功、肯学习，任何时候都不算晚！

4 另一个地球探索者米克尔·马约尔

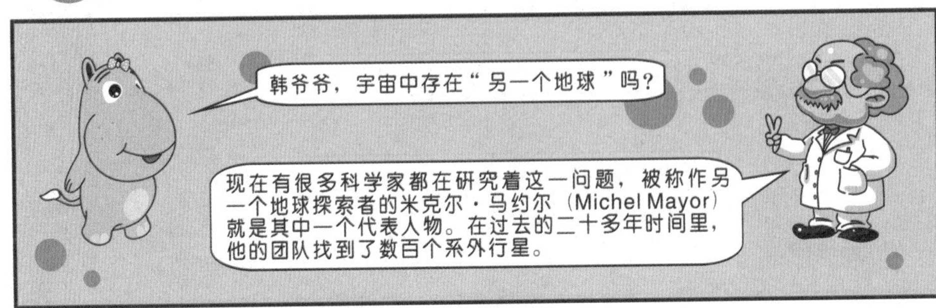
韩爷爷，宇宙中存在“另一个地球”吗？
现在有很多科学家都在研究着这一问题，被称作另一个地球探索者的米克尔·马约尔（Michel Mayor）就是其中一个代表人物。在过去的二十多年时间里，他的团队找到了数百个系外行星。

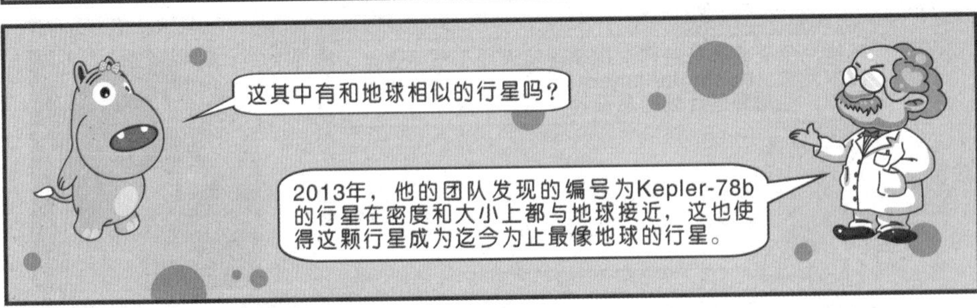
这其中有和地球相似的行星吗？
2013年，他的团队发现的编号为Kepler-78b的行星在密度和大小上都与地球接近，这也使得这颗行星成为迄今为止最像地球的行星。

哇，这就是传说中的另一个地球了？
别高兴得太早，Kepler-78b的轨道与它的母星相距过近，这颗星球的表面已经熔化。其实，很难找到与地球完全一样的行星。

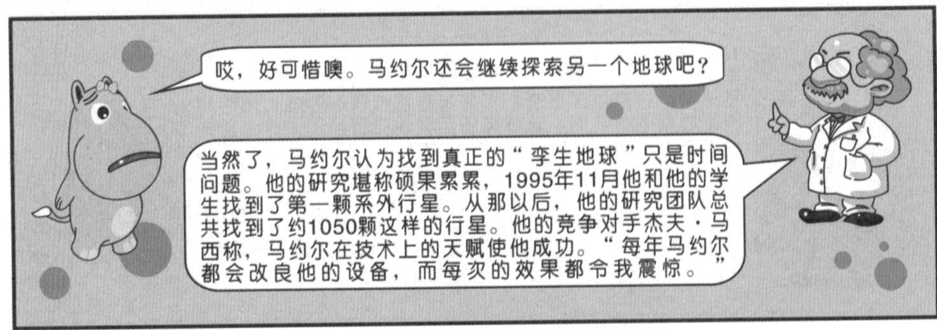
哎，好可惜噢。马约尔还会继续探索另一个地球吧？
当然了，马约尔认为找到真正的“孪生地球”只是时间问题。他的研究堪称硕果累累，1995年11月他和他的学生找到了第一颗系外行星。从那以后，他的研究团队总共找到了约1050颗这样的行星。他的竞争对手杰夫·马西称，马约尔在技术上的天赋使他成功。“每年马约尔都会改良他的设备，而每次的效果都令我震惊。”

5 宇宙暴胀研究人员大卫·斯波吉尔

小武，你知道宇宙在不断膨胀吗？
啊，还有这种事儿，您是怎么知道的呀？

天文学家是在利用某类超新星研究遥远宇宙时发现宇宙正在膨胀的。“宇宙暴胀”研究人员大卫·斯波吉尔（David Spergel）一直在从事这方面的研究。Ia型超新星是彻底毁灭的白矮星。由于此类超新星爆发时释放出的能量相同，天文学家可以借此推算出它的光度。这就好像你预先知道灯泡的功率一样。

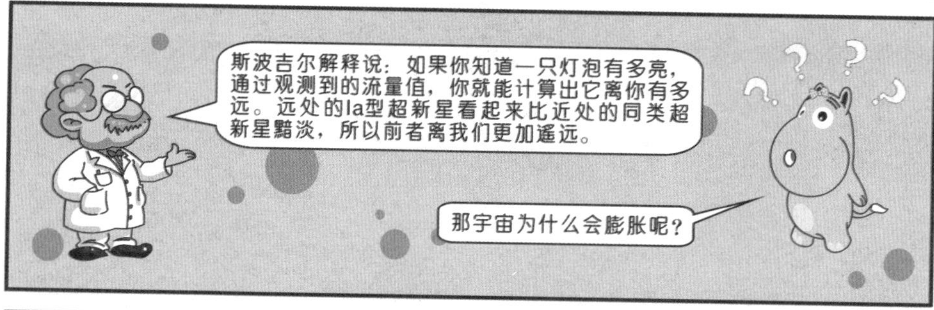
斯波吉尔解释说：如果你知道一只灯泡有多亮，通过观测到的流量值，你就能计算出它离你有多远。远处的Ia型超新星看起来比近处的同类超新星黯淡，所以前者离我们更加遥远。
那宇宙为什么会膨胀呢？

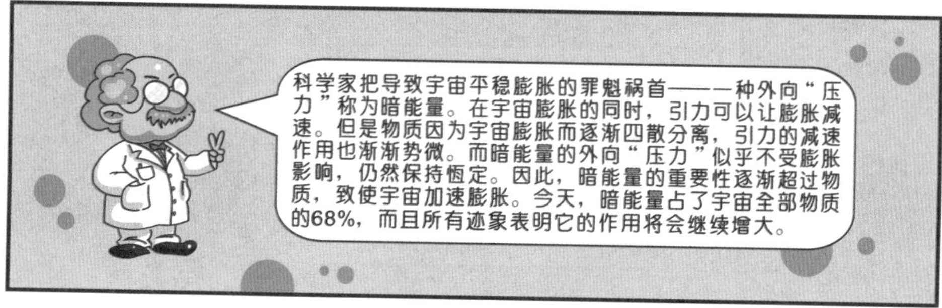
科学家把导致宇宙平稳膨胀的罪魁祸首——一种外向“压力”称为暗能量。在宇宙膨胀的同时，引力可以让膨胀减速。但是物质因为宇宙膨胀而逐渐四散分离，引力的减速作用也渐渐势微。而暗能量的外向“压力”似乎不受膨胀影响，仍然保持恒定。因此，暗能量的重要性逐渐超过物质，致使宇宙加速膨胀。今天，暗能量占了宇宙全部物质的68%，而且所有迹象表明它的作用将会继续增大。

6 黄土之父刘东生

小武，你可知道黄土成因之争历经了170多年吗？

啊，那后来得出结果了吗？

刘东生先生毕生从事地球科学研究，平息了170多年来的黄土成因之争。他建立了目前最完整的250万年陆相古气候记录，基于中国黄土解释了250万年以来的气候变化历史，创立了黄土学，使黄土、深海积淀和极地冰芯并列为环境变迁研究的三大支柱。

据说刘东生是资深院士，他都有哪些代表作品呢？

《黄河中游黄土及黄土分布图》《中国的黄土堆积》《黄土的物质成分与结构》和《黄土与环境》都是他的代表作品。

哇，刘东生先生在黄土研究方面取得了大量的研究成果啊！

刘东生的研究成果对黄土高原水土保持、植被重建以及东部沙地治理等具有重要实践意义。实际上，他所完成的开创性研究跨越了许多领域，他还确立了“新风成学说”，突破了传统的第四纪四次冰期学说，使之成为研究全球环境演变的重大转折。他对人生的热情与乐观，对科学的探索与追求，不仅启迪了他的同辈研究者，还影响了整个一代青年科研人员。

杂交水稻之父袁隆平

谁知盘中餐，粒粒皆辛苦。如今我们日日能够吃到白花花的大米饭，离不开一位杂交水稻专家的不懈努力。

韩爷爷，您说的是“杂交水稻之父”袁隆平先生吧？

对。袁隆平从事杂交水稻研究已经半个多世纪了，他不畏艰难、甘于奉献、呕心沥血、苦苦追求，为解决中国人的吃饭问题做出了重大贡献。他的杰出成就不仅属于中国，而且影响世界。

韩爷爷，您快给我说说他的经历。

袁隆平1953年毕业于西南农学院，分配到湖南安江农校任教。1964年开始杂交水稻研究，五十多年始终在农业科研第一线辛勤耕耘、不懈探索，致力于杂交水稻的研究，先后成功研发出三系法杂交水稻、两系法杂交水稻、超级杂交稻一期及二期，其社会和经济效益十分显著。

袁隆平院士真是当代神农啊！

袁隆平是一位真正的耕耘者。当他还是一名乡村教师的时候，已经具有颠覆世界权威的胆识；当他名满天下的时候，却仍然只是专注于田畴。淡泊名利，一介农夫，播撒智慧，收获富足。他毕生的梦想，就是让所有人远离饥饿。他的卓越成就，不仅为解决中国人民的温饱和保障国家粮食安全做出了贡献，更为世界和平和社会进步树立了丰碑。

8 建筑与城市规划学家吴良镛

小武，你知道人居环境科学吗？
人居环境科学？就是着重探讨人与环境之间相互关系的科学吗？

对，它以人类聚居为研究对象。中国人居环境科学研究的创始人是吴良镛，他运用人居环境科学理论，成功开展了从区域、城市到建筑、园林等多尺度多类型的规划设计研究与实践，主持参与多项重大工程项目。

吴良镛都主持参与过哪些项目啊？

如北京图书馆新馆设计、天安门广场扩建规划设计、中央美术学院校园规划设计、孔子研究院规划设计。吴良镛主持的北京市菊儿胡同危旧房改建试点工程还获得了1992年度的亚洲建筑师协会金质奖和世界人居奖呢！他在建筑教育领域可谓是做出了杰出的贡献。

吴良镛还是一位水彩画家。他自小就喜欢绘画，特别是在重庆中央大学建筑系就读时，深受在该校艺术系执教的徐悲鸿、傅抱石、吴作人等著名绘画大师的艺术熏陶。毕业后，他徒步行走于重庆、贵州、云南一带，边走边画，曾有很多优秀的画作问世，举办过七次个人画展。见过吴良镛的人都会从他身上品读出老一辈科学家爱国、无私、勤奋的独特气质。

9 中国巨型计算机之父金怡濂

小武，今天跟你说说我国巨型计算机事业的开拓者之一金怡濂院士。
巨型计算机开拓者？

对，你没忘记“神威·太湖之光”的名号吧？金怡濂院士担任国家重点工程“神威”巨型计算机系统总设计师，长期致力于电子计算机体系结构、高速信号传输技术、计算机组装技术等方面的研究与实践，先后主持研制成功多种当时居国内领先地位的大型计算机系统。他领导设计的“神威”巨型计算机无论从峰值速度，还是持续速度，均位列全球第一。

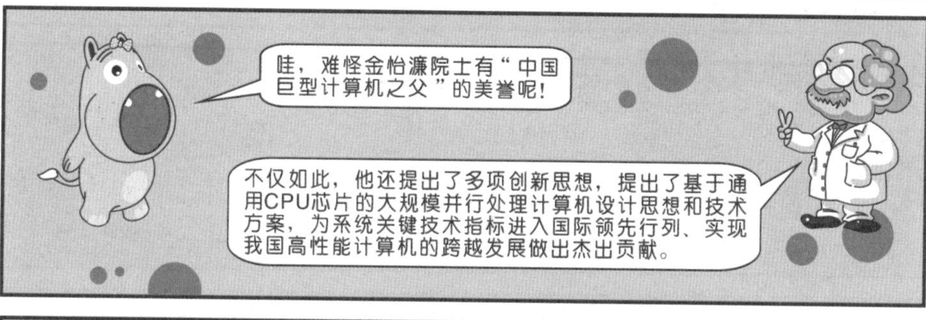
哇，难怪金怡濂院士有“中国巨型计算机之父”的美誉呢！
不仅如此，他还提出了多项创新思想，提出了基于通用CPU芯片的大规模并行处理计算机设计思想和技术方案，为系统关键技术指标进入国际领先行列、实现我国高性能计算机的跨越发展做出杰出贡献。

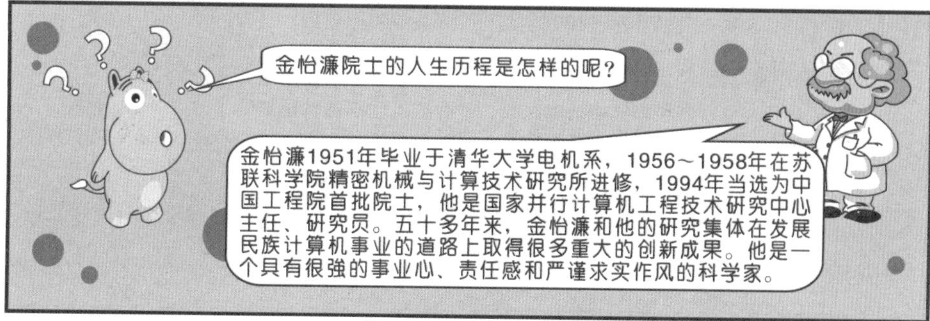
金怡濂院士的人生历程是怎样的呢？
金怡濂1951年毕业于清华大学电机系，1956～1958年在苏联科学院精密机械与计算技术研究所进修，1994年当选为中国工程院首批院士，他是国家并行计算机工程技术研究中心主任、研究员。五十多年来，金怡濂和他的研究集体在发展民族计算机事业的道路上取得很多重大的创新成果。他是一个具有很强的事业心、责任感和严谨求实作风的科学家。

10 近当代计算机革命之先驱艾伦·凯

小武，听说过一句话吗？预测未来的最好办法就是创造未来。
当然听过了，这可是一句广为人知的名言啊。

这句话出自近当代计算机革命之先驱艾伦·凯（Alan Kay）。他是面向对象编程这一概念最早的阐发者，最早提出了Dynabook（后来经过演变就变成了我们今天的笔记本电脑）的概念。

噢，原来笔记本电脑的概念源自于这里。

艾伦·凯是一个真正意义上的全才，不但是工程技术上的专家，还能把儿童发展理论、认识论、分子生物学等知识融合在一起，在知识的交汇点上挖掘出更具价值的东西。

我一直记得他在2007年的TED大会演讲上提到，过去的几百年人类取得的进步是以往任何时候皆无法比拟的，而这些成就之取得离不开工具的支持。人本身的感官系统是具有极大局限性的，只有当我们意识到这点，并且坦然承认的时候，才会去发明出各种辅助的机器，并通过这些机器看到一个更真实的世界。

哇，艾伦·凯的思想如此先进，难怪在计算机界，尤其是技术圈内，他是屈指可数的能让大家都心服口服的大师之一呢！

11 图灵奖唯一女得主法兰西斯·艾伦

谈到计算机，就得说说计算机界的诺贝尔奖——“图灵奖”了。
看来这图灵奖是计算机界的最高奖项了，都是哪些科学家获得了这个奖项呢？

五十多届图灵奖的得主可多了，我就说说图灵奖历史上唯一的女性获得者法兰西斯·艾伦（Frances Allen）吧。她的成绩证明了图灵奖与性别无关。2007年2月21日，她依靠自己在破译“冷战时代”编码和在预测天气上的杰出成就，摘取了图灵奖。图灵奖评委会主席说：她的研究几乎影响了计算机科学发展的整个历程，使我们今天在商业和科技领域内使用的许多计算技术成为可能。

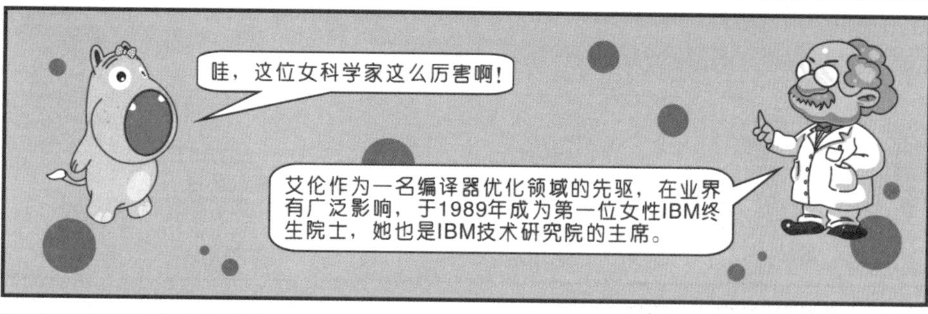
哇，这位女科学家这么厉害啊！
艾伦作为一名编译器优化领域的先驱，在业界有广泛影响，于1989年成为第一位女性IBM终生院士，她也是IBM技术研究院的主席。

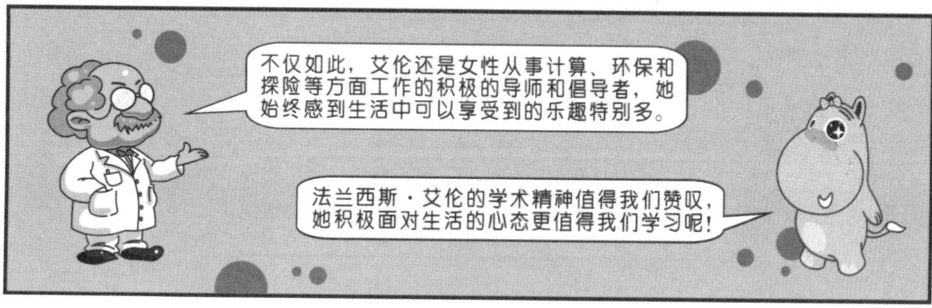
不仅如此，艾伦还是女性从事计算、环保和探险等方面工作的积极的导师和倡导者，她始终感到生活中可以享受到的乐趣特别多。
法兰西斯·艾伦的学术精神值得我们赞叹，她积极面对生活的心态更值得我们学习呢！

理论物理学家达尼埃尔·谢赫特曼

小武，你了解“准晶体”吗？一种介于晶体和非晶体之间的固体。
介于晶体和非晶体之间？这种奇特的物质是如何被发现的呢？

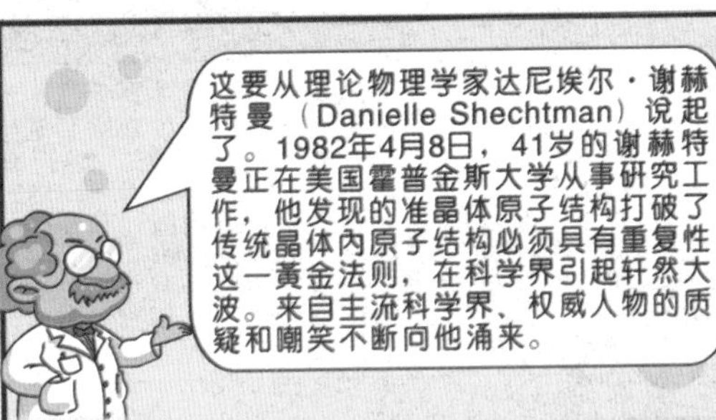
这要从理论物理学家达尼埃尔·谢赫特曼（Danielle Shechtman）说起了。1982年4月8日，41岁的谢赫特曼正在美国霍普金斯大学从事研究工作，他发现的准晶体原子结构打破了传统晶体内原子结构必须具有重复性这一黄金法则，在科学界引起轩然大波。来自主流科学界、权威人物的质疑和嘲笑不断向他涌来。

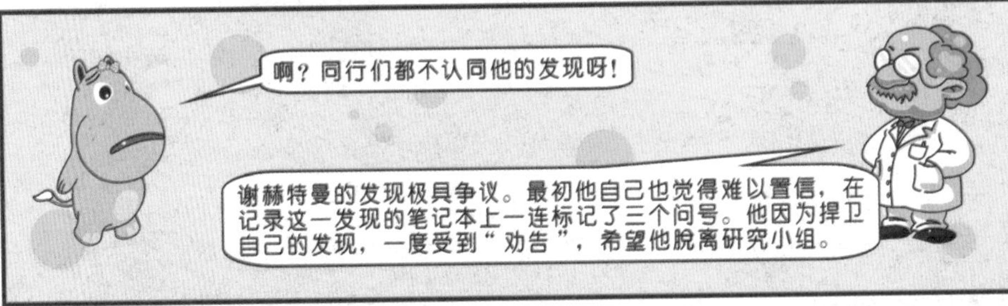
啊？同行们都不认同他的发现呀！
谢赫特曼的发现极具争议。最初他自己也觉得难以置信，在记录这一发现的笔记本上一连标记了三个问号。他因为捍卫自己的发现，一度受到“劝告”，希望他脱离研究小组。

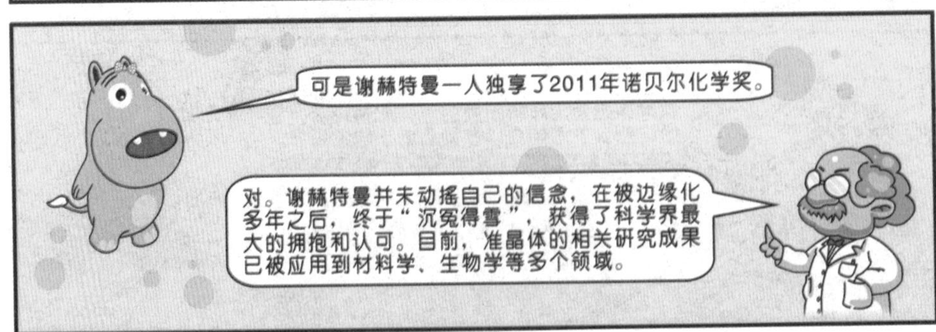
可是谢赫特曼一人独享了2011年诺贝尔化学奖。
对。谢赫特曼并未动摇自己的信念，在被边缘化多年之后，终于“沉冤得雪”，获得了科学界最大的拥抱和认可。目前，准晶体的相关研究成果已被应用到材料学、生物学等多个领域。

13 机器人研究者拉蒂卡·纳格帕

小武，我知道你平时对机器人特别感兴趣，这回给你说说介绍一位杰出的机器人研究者。
太好了，韩爷爷您快给我说说。

受到自然界自我组织现象的启发，哈佛大学拉蒂卡·纳格帕（Radhika Nagpal）团队研制出一个由1024台机器人组成的、可形成复杂二维图形的千台机器人集群。
千台机器人集群？我们以前提到过的哪个？

对，而且其特殊之处在于，此机器人集群出现前，大多机器集群的组成个数不超过100台。经过多年的研究，纳格帕他们终于找到构建大型的机器人集群的临界点，其中包括硬件和算法。借助实验中运用到的工程物理系统，这些机器人集群将有助于人们理解自然的自我组织系统。

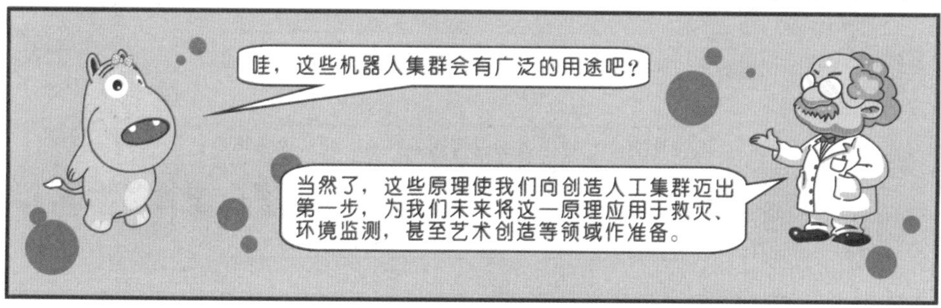
哇，这些机器人集群会有广泛的用途吧？
当然了，这些原理使我们向创造人工集群迈出第一步，为我们未来将这一原理应用于救灾、环境监测，甚至艺术创造等领域作准备。

太阳守望者亨利·斯奈斯

小武，你最感兴趣的清洁能源是哪种？

我最感兴趣的要数太阳能了。太阳源源不断地将光和热馈赠给地球，要是我们能利用好这些能量该多好啊。

那就给你说说太阳能电池吧。目前世界上绝大多数太阳能电池由硅制作，它们能够将吸收到光能的17%～25%转化为电能，但绝大多数造价高昂；而薄膜太阳能电池虽更加廉价，但效率却较低。

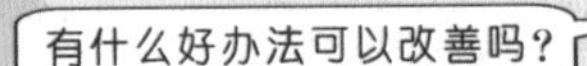
有什么好办法可以改善吗？

在这件事情上，“太阳守望者”亨利·斯奈斯（Henry Snaith）让所有材料学家都大吃一惊。他通过使用钙钛矿半导体，大大提升了太阳能电池的效率。在过去的几年中，研究人员一直试图用这一材料制造低效而复杂的光伏设备，但斯奈斯意识到经由更有效的纯化和设计，它们能够产生更高的效率。

那斯奈斯设计的钙钛矿光电池效率如何呢？

他设计的电池转化效率已可达到15%。他认为最终钙钛矿电池的转化率有望达到29%，这是目前砷化镓晶体电池的转化率。砷化镓晶体电池多被用在人造卫星上，因造价高昂难以广泛应用。斯奈斯计划如果钙钛矿电池能够运转良好，将考虑如何更好地储存这些电能。

高效蓝光LED发明人之一中村修二

韩爷爷，现在生活中随处可见LED灯，您给我说说LED的故事呗!

日本教授中村修二的创新使得LED生产商能够生产红、绿、蓝三原色LED，从而使实现1600万色成为可能。或许最重要的是，LED行业利用这种新技术来开始半导体生态光源白色LED的商业化生产。

中村修二？就是那个诺贝尔物理学奖的获得者？

是的。2014年10月7日，赤崎勇、天野浩和中村修二因发明“高效蓝色发光二极管”而获得诺贝尔物理学奖。

蓝色发光二极管即蓝光LED，它使人类可以用到更加环保的白色光源，降低了全球范围的照明成本。诺贝尔奖评选委员会的声明说：白炽灯点亮了20世纪，21世纪将由LED灯点亮。

哇，这项技术为全球节约了多少能源呀？!

中村修二是个非典型的日本科学家，他出身普通渔民家庭，考试能力也平平，上了日本三流大学德岛大学。但他动手能力非常强，上午调仪器，下午做实验。中村修二的自学能力也非常强，他对物理学具有深刻的理解，但他完全是靠自学，所读的德岛大学甚至没有物理系。

16 汉字激光照排系统创始人王选

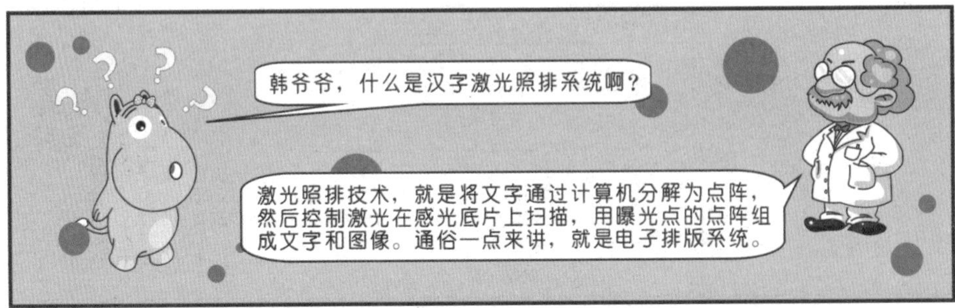
韩爷爷，什么是汉字激光照排系统啊？
激光照排技术，就是将文字通过计算机分解为点阵，然后控制激光在感光底片上扫描，用曝光点的点阵组成文字和图像。通俗一点来讲，就是电子排版系统。

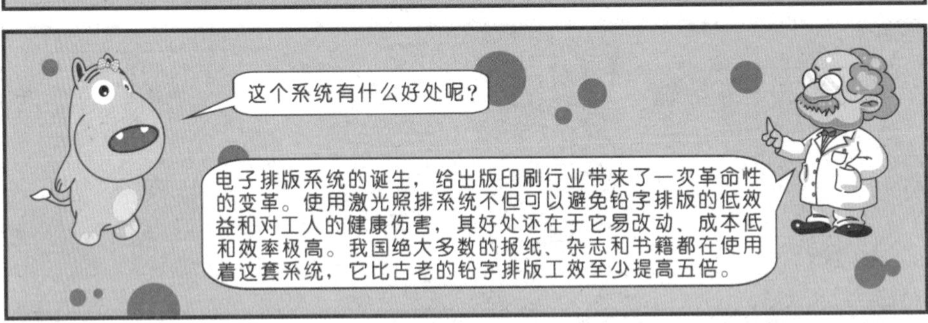
这个系统有什么好处呢？
电子排版系统的诞生，给出版印刷行业带来了一次革命性的变革。使用激光照排系统不但可以避免铅字排版的低效益和对工人的健康伤害，其好处还在于它易改动、成本低和效率极高。我国绝大多数的报纸、杂志和书籍都在使用着这套系统，它比古老的铅字排版工效至少提高五倍。

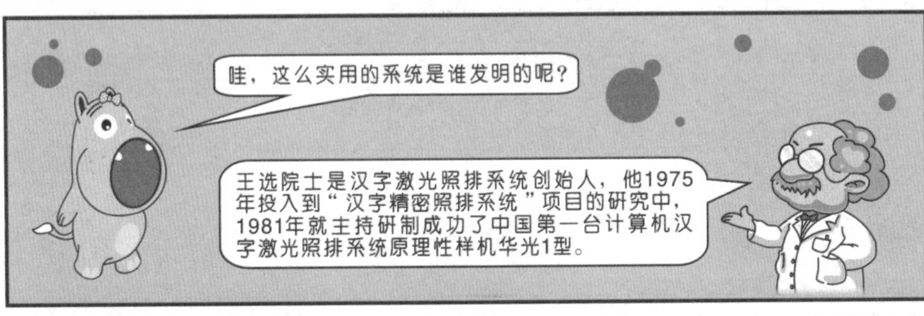
哇，这么实用的系统是谁发明的呢？
王选院士是汉字激光照排系统创始人，他1975年投入到"汉字精密照排系统"项目的研究中，1981年就主持研制成功了中国第一台计算机汉字激光照排系统原理性样机华光1型。

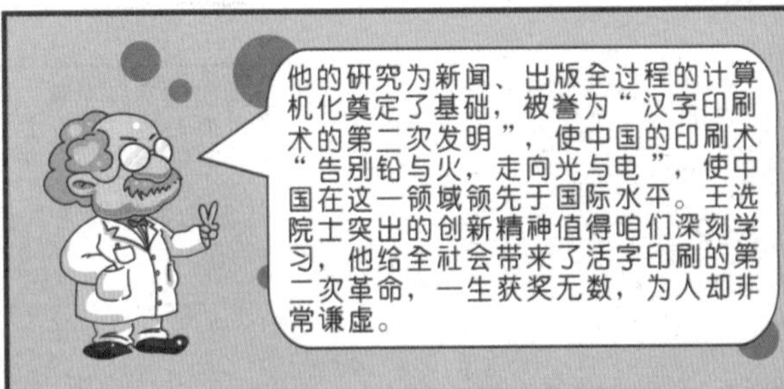
他的研究为新闻、出版全过程的计算机化奠定了基础，被誉为"汉字印刷术的第二次发明"，使中国的印刷术"告别铅与火，走向光与电"，使中国在这一领域领先于国际水平。王选院士突出的创新精神值得咱们深刻学习，他给全社会带来了活字印刷的第二次革命，一生获奖无数，为人却非常谦虚。

17 流感“前哨”陈化兰

韩爷爷，H7N9型禽流感最初是在什么时候发现的呀？

H7N9型禽流感是一种新型禽流感，于2013年3月底在上海和安徽两地率先发现。2013年4月，全世界的病毒学家和卫生官员都把目光聚焦在中国。这种全球首次发现的禽流感病毒开始蔓延，并引发严重的疾病乃至死亡。

啊，这病毒竟然出现得这么突然！

当时，中国农科院哈尔滨兽医研究所的陈化兰院士站在了对抗疫情的第一线。他们停止了所有的研究，将工作重点放在H7N9上，致力寻找它从鸟类或其他动物传播并感染人类的线路。

在首例H7N9型禽流感病例得到确认的48小时内，陈化兰研究小组以及来自上海动物疾控中心的研究人员从周边的土壤、水和家禽市场中采集了约1000份样本，其中20份检出H7N9阳性，均来自于上海家禽市场。当地政府迅速关闭了这些市场，这也使得感染率迅速下降。

疫情得到控制，给予了陈化兰研究团队更多时间来研究这一病毒吧？

是的。2013年7月陈化兰和她的科研团队就发现，H7N9病毒对禽类无致病力，但该病毒侵入人体发生突变后，对哺乳动物的致病力与传播能力得到明显增強，这揭示了H7N9病毒存在较大人际大流行的风险。陈化兰认为流感病毒的检测是他们实验室的首要任务。2015年10月她获得了2016年度“世界杰出女科学家奖”。

18 对抗埃博拉的医生赫·乌马尔·汗

2014年的埃博拉病毒夺取了很多人的生命，有不少医生也死于埃博拉感染吧？
是，我给你说说赫·乌马尔·汗（Sheik Humarr Khan）医生吧。他是在西非塞拉利昂对抗埃博拉疫情的领队医生，他还是塞拉利昂唯一一位病毒性出血热专家，是该国抗疫行动的领头人物。

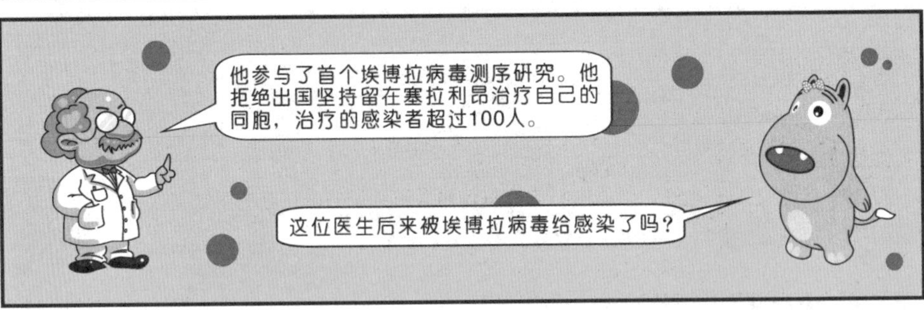
他参与了首个埃博拉病毒测序研究。他拒绝出国坚持留在塞拉利昂治疗自己的同胞，治疗的感染者超过100人。
这位医生后来被埃博拉病毒给感染了吗？

是的，2014年7月29日他死于埃博拉病毒感染，大家都称他为无国界医生领队。
我不得不说这些对抗埃博拉疫情的医生是真正的英雄！

赫·乌马尔·汗死后，他生前所在团队在西非各地区安装测序仪，以便继续跟踪埃博拉病毒。他生前接受采访时曾说：我害怕死亡，我必须说，因为我珍惜我的生命；就算你穿上最严密的保护服，你仍然冒着风险。

19 给干细胞领域以光明的眼科专家高桥政代

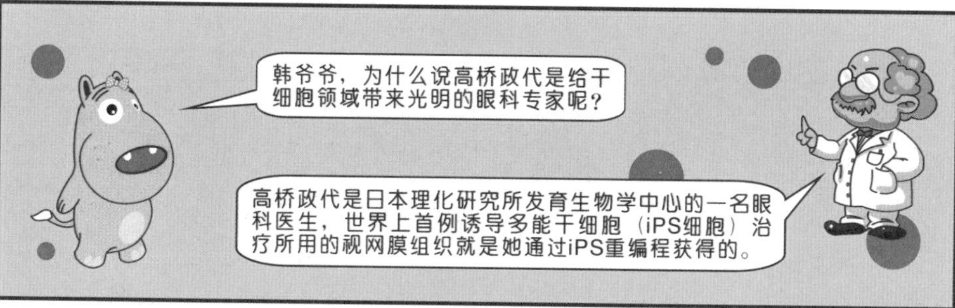
韩爷爷，为什么说高桥政代是给干细胞领域带来光明的眼科专家呢？
高桥政代是日本理化研究所发育生物学中心的一名眼科医生，世界上首例诱导多能干细胞（iPS细胞）治疗所用的视网膜组织就是她通过iPS重编程获得的。

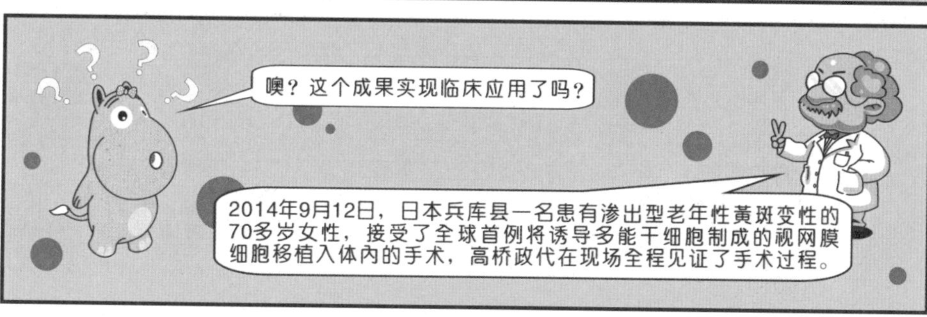
噢？这个成果实现临床应用了吗？
2014年9月12日，日本兵库县一名患有渗出型老年性黄斑变性的70多岁女性，接受了全球首例将诱导多能干细胞制成的视网膜细胞移植入体内的手术，高桥政代在现场全程见证了手术过程。

该患者于6天后从实施手术的尖端医疗中心医院出院。院方表示患者情况良好，没有并发症等问题。此后该患者继续到医院接受诊疗，研究团队用约一年时间评估移植细胞的安全性与效果并继续确认诱导多能干细胞治疗中最受担心的是否癌变等问题。

哇，难怪高桥政代在2014年被选为干细胞研究领域的年度人物呢！
是啊，京都大学教授山中伸弥2007年开发了人类诱导多能干细胞，而高桥实现临床应用距此只有7年，时间之短实属罕见。

DNA编辑大师张锋

凭借一段发夹序列和一个裂解酶，细菌可以降解病毒的DNA并保护自己。这一简简单单的DNA剪接机制，在2013年成为了生物研究领域的最大热门之一。

这是为什么呢？

一名热衷于研究基因工具的神经生物学家张锋，将这套被称为CRISPR/Cas的细菌免疫系统改造成为一套简单廉价的基因改造工具。2013年1月，他的实验室发现这套系统可以被用于进行真核细胞的基因编辑，这使得应用它对植物、小鼠，乃至人类细胞进行基因编辑成为可能。

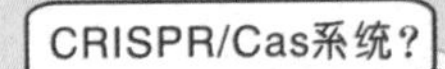
CRISPR/Cas系统？

CRISPR/Cas系统是多数细菌用来保护自己免受病毒侵染的防御机制。通过这一套系统，细菌可以识别并降解来自病毒的DNA，从而阻止病毒的感染和复制。

张锋教授目前致力于利用这一技术构建基因敲除文库，这意味着利用这套文库科学家可以对任何器官中任何基因进行敲除。他说他最感兴趣的部分是利用这套系统对一些精神疾病，如对亨廷顿病及精神分裂症等进行治疗。张锋说：CRISPR/Cas系统有助于帮助我们修正基因的微小突变，尽管只有少数人群携带这种致病突变，但这些突变对人类健康的影响则是灾难性的。